以植物的名义

IN THE NAME OF PLANTS

Remarkable plants and the extraordinary people behind their names

［英］桑德拉·纳普　著

曹志勇　邵芬娟　译

中国科学技术出版社

·北　京·

图书在版编目（CIP）数据

以植物的名义 /（英）桑德拉·纳普著；曹志勇，
邵芬娟译. -- 北京：中国科学技术出版社，2024.10.
ISBN 978-7-5236-0995-8

Ⅰ. Q94-49

中国国家版本馆 CIP 数据核字第 2024PW6160 号

著作权合同登记号：01-2023-3982

策划编辑	单　亭　许　慧
责任编辑	向仁军
封面设计	中文天地
正文设计	中文天地
责任校对	吕传新
责任印制	李晓霖

出　　版	中国科学技术出版社
发　　行	中国科学技术出版社有限公司
地　　址	北京市海淀区中关村南大街 16 号
邮　　编	100081
发行电话	010-62173865
传　　真	010-62173081
网　　址	http://www.cspbooks.com.cn

开　　本	710mm×1000mm　1/16
字　　数	210 千字
印　　张	14
版　　次	2024 年 10 月第 1 版
印　　次	2024 年 10 月第 1 次印刷
印　　刷	北京瑞禾彩色印刷有限公司
书　　号	ISBN 978-7-5236-0995-8 / Q·283
定　　价	128.00 元

目 录
CONTENTS

序   005

引言   008

猴面包树属（*Adansonia*）   015

丝毛竺属（*Agnesia*）   022

佛塔树属（班克木属）（*Banksia*）   029

叶子花属（*Bougainvillea*）   036

鸭跖草属（*Commelina*）   043

铃蜡花属（达尔文木属）（*Darwinia*）   050

片麸菊属（*Eastwoodia*）   056

崖丽花属（*Esterhuysenia*）   062

洋木荷属（洋大头茶属）（*Franklinia*）   068

廊盖蕨属（*Gaga*）   075

莲叶桐属（*Hernandia*）   082

油藓属（*Hookeria*）   089

棱瓶花属（*Juanulloa*）   096

露薇花属（繁瓣花属）（*Lewisia*）   103

北极花属（林奈木属，双花蔓属）（*Linnaea*）　110

北美木兰属（木兰属）（*Magnolia*）　118

倚凤花属（*Megacorax*）　124

元丹花属（*Meriania*）　130

红雀椿属（*Quassia*）　137

大花草属（*Rafflesia*）　144

巨杉属（*Sequoiadendron*）　151

茄花木属（*Sirdavidia*）　158

钩稃竹属（*Soejatmia*）　165

鹤望兰属（*Strelitzia*）　172

单室林仙属（*Takhtajania*）　179

丽豌豆属（*Vavilovia*）　186

扇菊木属（*Vickia*）　192

王莲属（*Victoria*）　198

丝葵属（*Washingtonia*）　205

小齿爵床属（*Wuacanthus*）　212

译后记　219

作者介绍　221

序

当你和桑德拉·纳普（Sandy Knapp）交谈时，只要用那句极具诱惑的"你知道……"开场，就可以让她滔滔不绝，你要做的就只是倾听，倾听她那让人着迷的博学知识。在这些精彩的文章中，你就能感受到与桑德拉交谈的所有乐趣：妙趣横生、引人入胜、春风化雨、鼓舞人心。再加上一系列引人注目的插图，不论是随意浏览还是仔细翻阅，你都能从桑德拉的书里收获快乐。

然而，有一个关于分类学或生物分类学的严肃问题需要提前给大家分享。只有对地球上各种奇妙的生命进行采集、保存和分类，我们才能开始了解生命的进化过程，以及它们如何对自然环境的变化做出反应，有时，我们还能了解生命是如何以及为什么灭绝和消失的。分类学是支撑对地球生命研究的所有重要科学的一门基础科学。如果你也认同这个观点，它就是我们描述自然界的词汇和语法。

因此，分类学非常重要。至少在过去的 2000 年里，科学家们一直在试图描述和分类地球上种类繁多的生命。多年来，人们使用了各种各样的分类方法，但所有现代分类系统都源于瑞典植物学家卡尔·林奈（Carl Linnaeus）在 18 世纪建立的林奈分类系统。林奈的分类系统将生物分为七个层次，从物种到属再到科、目、纲、门，最后是界，依次上升。但也许，他最大的贡献是提出了"双名命名法"，他给每个物种起了一个由属名和种名组成的两个词的拉丁学名。这种命名方法让我们仅仅用两个词就足以区分地球上的每一个物种：因此我们人类的拉丁学名叫作智人（Homo sapiens），虽然最近还有人可能会质疑这个名字。

桑德拉的书采用了将植物、人和名字关联在一起的绝佳组合，聚焦于那些当时的科学家们非常推崇的人物，以至于用他们的名字来命名植物，不仅仅

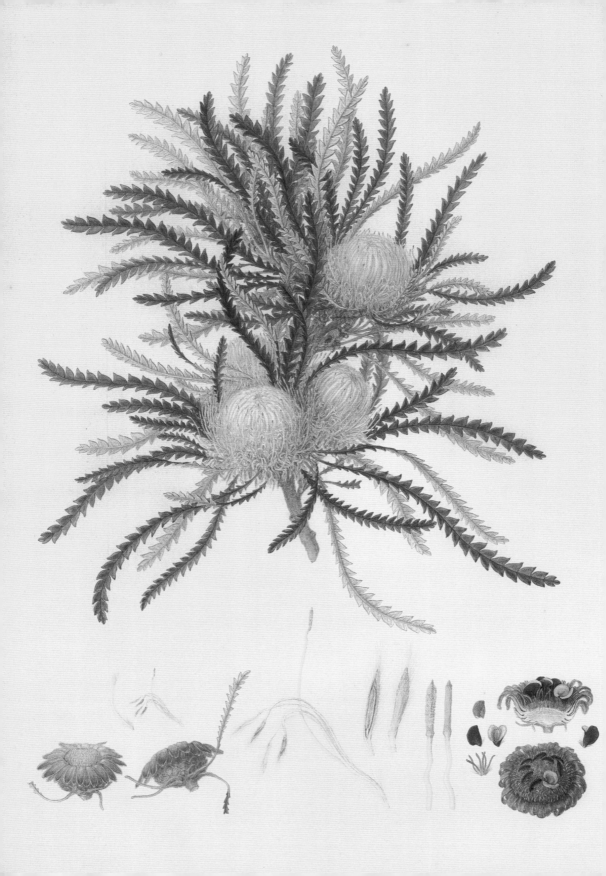

是为一个物种，甚至为一个属命名。在这本书中，你将有机会遇见一些非常特别的人和他们鲜为人知的故事。有些人众所周知，如维多利亚女王（Queen Victoria）或本杰明·富兰克林（Benjamin Franklin），有的人则可能让你大吃一惊，如塞阔雅（Sequoyah）或雷迪嘎嘎（Lady Gaga）！桑德拉用文字把所有迷人的故事、美丽的生活和植物属名巧妙地编织成一个个完美的作品。

最后，当然，任何一本关于博物的书都不能忽视世界生物多样性正面临的严重威胁。如果桑德拉的书能帮你激发出对自然界更多的关爱和关怀，那么她的努力就得到了回报。

英国自然历史博物馆馆长（Director, The Natural History Museum）

道格·古尔（Doug Gurr）

2022 年

来自西澳大利亚的蓟序木（*Banksia formosa*）过去被归类为蓟序木属（*Dryandra*），但分类学工作表明它嵌套在班克木属中（参见 *banksia*）——以前的属名保留在它的别名之中，名字也以蓟序木而存在。

引 言

　　植物和人类关系紧密。植物对人类的生存至关重要，它们可产生供我们呼吸的氧气，也是我们开发利用的生态系统的基础，为我们提供食物、燃料、纤维和饲料。自从人们开始利用植物以来，他们也一直在为其命名。人们需要交流植物的价值，而名称至关重要。世界各地不同文化的人都为其周围的植物开发了命名系统，通常侧重于生物体的特征或用途。所有这些命名都很有效，直到人们开始远离家乡，探索、殖民和征服新的土地。在很大程度上，在欧洲殖民化的推动下，人们开始分享来自遥远国度的未知植物。例如，从中国或巴西运到欧洲的植物，在运输过程中弄丢了它们的原产地名称，欧洲人就要重新开始为每种植物命名。这就是我们今天使用的科学命名系统的起源。

　　17世纪末和18世纪初，希腊语和拉丁语是欧洲学者的通用语言，因此，当欧洲人开始为新植物命名时，他们用这些语言来命名是合乎逻辑的。这创造了一种超越地方命名传统的通用命名语言，使全世界的植物学家能够相互交流。在其诞生之初，这一系统仅限于欧洲人使用，他们对其他文化的传统不屑一顾，除非它可能对殖民者有利。因此，利用这些古老的语言，人们根据植物的特征或用途而命名。而且，随着探索和开发的不断深入，植物的多样性也随之增加，对于人类来说也是这样。

　　我一直很喜欢植物的学名。作为一名分类学家，我沉浸在这些名称中不能自已，创造它们，整理它们，解释它们，说出它们，享受拉丁语音节在我的舌尖跳跃。植物名称背后有一些故事，关于植物本身、它们生长的地方以及有时候是它们为谁而命名。有时它们的含义很清楚：例如 "*Solanum arboreum*"

Cinchona officinalis. L.

抗疟疾药物奎宁来自金鸡纳树（*Cinchona*）的树皮，茜草科的一员，以秦昆（Chinchon）伯爵夫人的名字命名，传说 17 世纪时她在秘鲁被它治愈。

1804 年 1 月，罗伯特·布朗（Robert Brown）在塔斯马尼亚（Tasmania）采集了这个蓝色、垫状的蓝针花属（*Brunonia*）植物，并以他之名命名。在那里，艺术家费迪南德·鲍尔（Ferdinand Bauer）画下了它的美丽时刻。如果是在今天，我们肯定会先拍一张照片！

是"连茄木"，种名"*arboreum*"告诉我们该植物是一种树。名字是植物的代表，但它本身并不能讲述整个故事。当植物以人名命名时，情况尤其如此。北美木兰属（*Magnolia*）这个名字本身并没有告诉我们皮埃尔·马尼奥尔（Pierre Magnol）的生活是怎样的，也没有描绘出我们在他生活的那个年代，他对植物学家的影响，甚至无法让人迅速联想到这种植物是以他之名命名的。我痴迷于以人之名命名的植物背后的故事，那些人与植物交汇成一条条小溪，最终汇成了这本书。我把重点放在植物属的名称上，部分原因是属的数量比种的少，同时也是因为我们认为命名属是比命名种更重要的一步，需要更多的考量。在植物学名中，属名也的确在前。如果一个物种没有一个属作归属，你也就无法为其命名。

按照惯例，我们今天使用的植物科学命名系统正式开始于1753年5月1日，即瑞典植物学家卡尔·林奈的《植物种志》（*Species Plantarum*）出版之时。在这之前，并不是没人给植物取名，只是植物学家们需要选择一个时间点，在这个时间点之后，他们都将遵循一套他们互相认可的规则。卡尔·林奈的命名体系已经成为藻类、真菌和植物的国际命名规则，最近一次修订是2017年在中国深圳通过的，下次将于2024年在马德里（Madrid）修订。

属和种的概念在早期欧洲植物学界广泛流传：属被认为是一个"篮子"，里面放着一个或多个物种。属是一个更广泛、更包容的类别，而每个物种都用一个描述它的短语来区分。随着越来越多的植物被人们所知，这些被称为短语的名称变得越来越长，使得它们难以被记录下来。在《植物种志》中，林奈为物种编写了一个单词的种名，这就形成了二项式命名法：每个物种都有一个由两个词组成的名称，一个属名和一个种名，或称种加词。这个系统很简单，它被设计成为一种记忆辅助工具，而且显然效果很好，因为它至今仍在使用。因此，我们有荷花木兰（*Magnolia grandiflora*）和星花木兰（*Yulania stellata*）这样的名字，比描述这两个物种的长句更容易记住。

在林奈出版《植物种志》之前，他已经对命名植物的正确和错误方法有了非常明确的想法。他从不等待别人的意见。1736年，他出版了一本书，概述了研究植物方法的基本观点，书名就叫作《植物学基础》（*Fundamenta Botanica*）。

罗伯特·布朗（1773—1858），作为船上的博物学家，他乘坐英国皇家海军"调查者"号前往澳大利亚，后来成为位于伦敦的英国自然历史博物馆的第一位植物标本管理员。

一年后，他在《植物学评论》（*Critica Botanica*）中对其进行了扩展，在该书中，他阐述了其规则背后的逻辑。20年后，他在《植物哲学》（*Philosophica Botanica*）中对这些规则（他称之为"箴言"）又进行了完善。除了如何为植物命名外，他还描述了植物的发育和结构，以及基本上所有你想知道的东西，甚至更多。

许多关于属名的箴言都与以人之名命名植物有关。在林奈眼里，只有某些特定类型的人值得拥有这种荣誉。因此，对他来说，属名并不意味着可以随意使用，而是保留给神、诗性主题以及植物学的杰出人物和推动者。国王也可以，因为他们有可能给植物学家带来财富。林奈保留了许多早期植物学家创造的名字：比如法国人查尔斯·普卢米尔（Charles Plumier）和约瑟夫·皮顿·德·图内福尔（Joseph Pitton de Tournefort）的名字，但拒绝了其他人创造的名字，如伦敦药剂师詹姆斯·佩蒂弗（James Petiver），他说："以人名为植物命名相当于向花商、僧侣、亲戚、朋友之类的人赠送无价的礼物，对没有受过教育的人来说，这些礼物太过耀眼和珍贵了。这样赠送的礼物不是礼物，只会沦为后代的笑柄。"在他的《植物学评论》中，他列举了一些向人们致敬的属名，还将这些属名和名称的发起人联系起来，尽管这些联系并不太可靠。他为植物学家的植物命名进行了辩解，指出在其他行业中，名字通常"与他们的成就联系在一起"，那么为什么植物学家要徒劳无功呢？"我们这门没有回报的科学是在哪颗不祥的星星下诞生的呢？"戏剧性的是，他继续列举了那些为他们的科学做出巨大牺牲的植物学家们（当然包括他自己）。

然而，名字只是一种交流的方式。而在某种程度上，属是一个见仁见智的问题。如果我们把生命之树看成是一个分支图，属是分支的一个层次，而这个层次在哪里出现是基于科学家当时掌握的证据。一位植物学家可能把几个物种归入一个属，而另一位植物学家可能把它们划分为不同的属，所有这些都来自同一个分支图。今天，当我们决定给任何一种植物起名时，我们有更多的证据供我们参考。每个名字都只是一个假设，能够被新的证据所证实或推翻。这就是分类学不仅仅是一项统计工作，还能成为一门科学的原因。

在这本书中，我选择了以不同类型的人命名的植物属，以人命名的属有

赫利娅·布拉沃·霍利斯（Helia Bravo Hollis）（1901—2001），墨西哥人，是世界上研究墨西哥仙人掌的专家。夜雾柱属（*Heliabravoa*）就是以她之名命名的，另外，以她之名命名的还有两个墨西哥植物园。

很多，一些读者肯定会对我的遗漏感到不满。例如，以男性命名的植物属比以女性或原住民命名的植物属要多得多。但值得高兴的是，我向我的同事们提出的关于本书收录的植物的相关问题，启动了核实所有纪念女性的植物属名的工作，并将这些属名与维基百科上的传记联系起来，甚至还为她们创建了一些传记。我试图涵盖一些对读者来说常见的属，如王莲属（*Victoria*），以及其他一些可能有新故事的属，如廊盖蕨属（*Gaga*）。通过每一幅插图，我试图传达出植物世界的非凡之美和多样性，以及我们还有很多东西需要学习，即使是我们认为已经对它了解了很多。植物和人都有自己的故事。这本书还包括了今天正在被植物学家命名的属，因为，给植物命名当然不只是发生在遥远的过去的活动。我希望这本书能够打开一扇窗，让人们了解那些植物和以其之名命名的人，正如林奈所希望的那样，有时它们这种关系很密切，有时则相对脆弱。而我们，一直都在不停地探索这个世界。

在写这本书的过程中，我发现了很多东西，关于植物，关于人，当然，也有一些激动人心的时刻：我去了美国蒙大拿州山区的旅行者休息地，梅里韦瑟·刘易斯（Meriwether Lewis）和威廉·克拉克（William Clark）在那里采集了刘氏花属（*Lewisia*）的植物标本；我在标本馆里找到了"丢失"的长柱蜡花属（*Darwinia*）标本；我探索了博物馆海量的艺术收藏。但最重要的是，在撰写每一章的过程中，关于这些神奇的植物和以他之名命名的人，我学到了许多我从未了解过的知识，通过他们之间相互联系的故事，对我来说，人和植物都变得生动起来。

可悲的是，不仅是在遥远的地方，即便在我们身边，生物多样性也正不断受到威胁。气候变化和占用土地的双重驱动力正在不可逆转地改变着我们的世界，以及我们所依赖的植物。正如大卫·爱登堡（David Attenborough）爵士［茄花木属（*Sirdavidia*）就是以他的名字命名的］在 2021 年第 26 届联合国气候变化大会（COP26）召开前的一次广播采访中清晰地说道："世界依赖植物，但我们对待它们的尊重和关怀却如此之少。"给它们命名的同时就给了它们空间、权力和合法性，当你深入研究时，学名和俗名都有它们的故事。名称可以以一种非常特殊的方式将我们与植物联系起来，现在这些联系甚至更加重要，因为许多植物正面临着永远消失的危险。

桑德拉·纳普（Sandra Knapp），伦敦，2022 年

猴面包树属（*Adansonia*）

米歇尔·阿当松（Michel Adanson）

科： 锦葵科（Malvaceae）
属下种数： 8
分布： 非洲、马达加斯加、澳大利亚

　　系统分类学的目的之一是分类——通过我们的研究，把自然界中的单系划分成各个类群，也就是我们所认为的符合"自然"的类群。今天，我们知道，单系中的物种从它们的祖先继承了共同的特征（特点）。很明显，在查尔斯·达尔文（Charles Darwin）的里程碑式著作《物种起源》中，唯一的证明就是一套遗传图谱——生命之树。20世纪的德国蝇类分类学家威利·亨尼希（Willi Hennig）通过研究定义和识别这些单系，形成一种他自称为遗传分类学的方法。在他的方法中，依据它们的特征来定义单系，这些特征不仅是自身的特征，还包括共有的、衍生的特征。

　　在20世纪后半叶，获得生命之树的新方法（确定那些单系中的成员彼此关系是否密切）在科学界引起了激烈的争论。表型分类学家向站在亨尼希这边的遗传分类学家发起挑战，他们坚持认为纯数量的方法是阐明亲缘关系最好的方法。他们坚信所有的特征生来都是平等的——没有必要从共同的祖先那里共享。这些辩论越演越烈。在激烈的争论中，科学家们常常把历史人物树立为他们思想的先驱者，暗示他们所倡导的思想实际上是过去的延续。那些提倡纯数量方法的人（所谓的表型分类学家）认为法国植物学家米歇尔·阿当松（Michel Adanson）是他们分类方法的先驱者，称他们的分类方法为"阿当松式"。

　　在18世纪中期，阿当松是巴黎植物园植物学家贝尔纳·德·朱西厄

猴面包树（*Adansonia digitata*）因其五裂的叶片而得名——这种叶子在植物学上被称为掌状复叶，看起来有点像有五个手指的手。

（Bernard de Jussieu）的学生。他和伟大的瑞典植物学家卡尔·林奈生活在同一个时代。像当时植物学领域的其他人一样，他致力于整理人们在欧洲海岸以外发现的多样性植物。林奈创造了一个分类系统，该系统以花的雄蕊和雌蕊的数量为依据，用这个系统把一种植物新种归入已知的植物类群非常有效，但这是纯人为的系统。为了找到一个自然系统，植物学家开始探索其他的分类方法。不同思想流派之间也展开激烈的争论。1763 年，阿当松发表了《植物家族》一书。在这本书中，他观察了植物的很多特征，以揭示它们的亲缘关系。他认为：自然分类不能只考虑生物体的部分特征，应该考虑其全部特征。正是这种考虑全部特征的论点，让表型分类学家认为这和他们的观点如出一辙！但事实并不是这样。当然，阿当松考虑了全部特征，但是他也表明：一些特征比较好用，甚至有些特征在其自然家系中也可能发生变化。他的分类方法不是一种纯机械、纯数字的方法。在他那个时代，他的工作远超很多人。他不仅列出科或目下面组成的属，他还细致描述了它们的特征以及这些特征是如何变化的。他并不认为植物类群有某些特质并能用单一特征来识别它们。他的一些分类我们现在很熟悉——"Les Orchides，*Orchis*"（兰科）、"Les Composees，*Compositae*"（菊科）和 "Les Malves，*Malvae*"（锦葵科）。

正是在这最后一个类群中，他加入了林奈以他之名命名的属，加上了 "Le Baobab est vraisembleablement Le plus gros de végétaux"（猴面包树可能是植物中最大的一种）。阿当松不是一个纯理论的植物学家，他不停地研究分类系统，追寻着组织自然知识的方法。年轻时，他曾去西非进行野外考察。尽管他对所有科学事物表现出超常的兴趣和天赋，但因为他

MICHEL ADANSON
(Botaniste)
Membre de l'Académie des Sciences,
Né à Aix (B. du Rhône) le 7 Avril 1727,
Mort à Paris le 3 Aoust 1806.

1754 年，在从塞内加尔回来后，米歇尔·阿当松（1727—1806）曾将他的观察出版成书。但是这本书给他造成了巨大的经济损失，使他陷入了贫困的生活。

当时才 20 岁，太年轻，不能被科学院录取。在英德斯公司（一个世纪前，为与英国和荷兰竞争而成立的法国贸易公司）董事皮埃尔 - 巴泰勒米·大卫的资助下，他出发去了塞内加尔。在法国统治下，他当时不能成为国王雇用的植物学家或官方博物学家，只能以一名职员的身份去考察。当时的塞内加尔对欧洲人来说相对陌生，除了臭名昭著的戈雷岛。1677 年，法国人从英国人手中夺走了戈雷岛。这座岛屿与今天的塞内加尔首都达喀尔隔海相望，从 15 世纪到 19 世纪，它是所有欧洲列强进行人口贸易的中心。今天，它是联合国教科文组织确定的世界遗产，也是和解的圣地，提醒着人们铭记那段剥削人类的历史。在阿当松的时代，这是一个必争之地——因为人口交易是一笔大买卖。他向英国人隐瞒了很多地图和国家概况，防止他们占有这块土地。从 1749 年到 1754 年，阿当松在塞内加尔花了五年时间进行采集、记录和观察。他收集广泛，有的植物种在他的花园里，以测试林奈记录的它们的特性，同时与已知的植物进行比较。他不仅收集植物，还收集了哺乳动物、鸟类、昆虫和鱼［按照植物学家康拉德·格斯纳（Konrad Gesner）的建议，把它们压在纸中间］，甚至收集了当地原住民的语言、风俗和习惯。

　　他觉得自己是一个年轻人，还有很多知识亟待学习，故不愿直接与林奈这样伟大的植物学家直接交流，而是通过他的导师兼老师伯纳德·德·加希耶进行间接交流。阿当松发现奇异的树——猴面包树时，加希耶就是这么做的。当阿当松写信给老师加希耶时说："拜托您与林奈沟通一下猴面包树的特征，这对我没有什么不好，也不会有任何不利的后果。我希望您让这位博学的人相信，我非常敬重他和他的研究成果。"为了保护他年轻的学生，加希耶将这种植物发给林奈时，用的是"猴面包树"（*Adansonia digitata*）这个名称，这巩固了阿当松在这个科学发现中的地位。

　　我们不确定阿当松第一次看到猴面包树的具体位置——

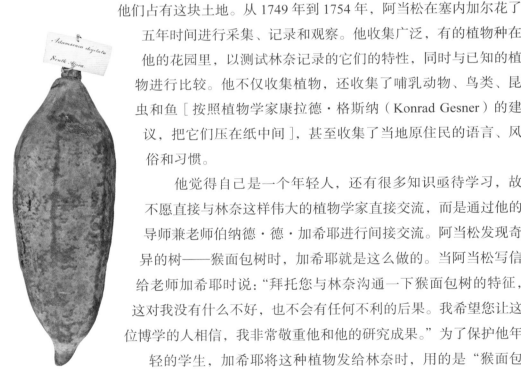

在猴面包树巨大的果实（这个是 35 厘米长）中，种子周围的果肉甜美，营养价值高，非常珍贵。

马达加斯加这片红皮猴面包树（*Adansonia rubrostipa*）景观，整个世界像是颠倒了。那些树看起来像是被拔起来，然后又倒栽过来一样。

当他第一次看到我们现在所知的猴面包树时，他似乎正在进行一次狩猎："……当我看到一棵巨大的树时，我立即放下了所有关于运动的想法，它吸引了我的全部注意力。……它在高度上没有什么特别，因为它只有大约50英尺（15.24 米）高；但它的树干粗的惊人。我伸出手臂，尽可能伸展，抱了十三次才转完一圈。为了更精确地测量，我用线测量了一圈，发现它有65 英尺（约 19.81 米）粗；因此，直径约为 22（约 6.7 米）英尺。我相信在世界上任何其他地方都见不到这样的植物……"

他是第一个描述当地猴面包树的欧洲植物学家。不过欧洲人很早就知道这种树，它的大果实、干果肉和种子都极具药用价值。塞内加尔和整个非洲的当地人也都非常了解它。它的重要性除了作为食品和药物之外，还体现在它进入了宗教和神秘主义的领域，整个猴面包树属的植物都是如此。

尽管猴面包树属在植物学上被首次描述的是来自非洲大陆的物种，但在马达加斯加它才被发现了巨大的物种多样性。猴面包树属的所有物种，因为它们有厚实的树干，都被阿当松称为厚皮树。有一些证据表明，树干的直径随着降雨而变化，因此推测树干具有储水功能。与树干相比，猴面包树的树枝看起来又短又粗，让人感觉整棵树外形比例不协调，有些好笑。在澳大利亚，当地的澳洲猴面包树（*Adansonia gregorii*）有时被称为颠倒的树。当树叶在旱季落下时，树枝看起来确实有点像树根。这些树的巨大尺寸也反映了它们有较高的树龄，是最古老的开花植物。津巴布韦的一棵猴面包树在 2011 年死亡时，被放射性碳测定为 2 450 岁，非洲南部其他几棵树估计超过 2 000 岁。

马达加斯加的典型景象之一是猴面包树大道。这些树成了该岛奇异的植物群的象征，只有在那里才会呈现那么丰富的多样性。虽然这些奇妙的树有较高的树龄和标志性的地位，但都无法保护它们免受人类造成的环境变化的影响。在马达加斯加，由于水稻种植的侵占，猴面包树大道面临着水涝的风险。然而在非洲大陆，他们认为猴面包树的相继死去是气候变化所致。与许多生物多样性一样，这些奇异的树前途未卜。还有那些依赖它们生存的生物，也具有同样的命运。

在这种最高大的树上，它们的花和植物的其他部分一样奇特。猴面包树的花大而肥厚，只在夜间开放。花苞最长可达 29 厘米，开放时，加上毛刷状的中央雄蕊，整个花朵和我们的手一样大。非洲的猴面包树（*Adansonia digitata*）是唯一一种会开出下垂花的猴面包树。长着长茎的花

猴面包树的雄蕊基部形成的长管，意味着只有长着长舌头的动物才能吃到花蜜。

垂悬在树枝下——形成一朵完美的蝙蝠授粉的花。在20世纪初，人们并不认为蝙蝠是热带树木的重要授粉者。但通过对植物园中猴面包树的观察表明，蝙蝠授粉不仅是可能的，而且很常见。果蝠是猴面包树的传粉者。它们拜访黄昏开放的有酸味的乳白色花朵，以获取花管底部的丰富花蜜。在这个过程中，它们会触碰雄蕊和柱头，然后从一棵树飞到另一棵树，完成采集并传粉的过程。

在先前的猴面包树属的分类中，所有雄蕊基部聚合成长而细的管状物的种类被划分为一个组群，这意味着澳大利亚物种和八个马达加斯加物种中的四个亲缘关系较近。但是，正如阿当松自己所说，单个特征经常以不可预测的方式变化。使用DNA序列重建猴面包树属的进化史表明，情况并非如此。所有的马达加斯加物种彼此之间关系是最近的，不管它们有没有长的雄蕊管。这些相似特征是由于保留了与天蛾传粉相关的特征。而非洲具有短雄蕊管的猴面包树和两种马达加斯加物种（大猴面包树和苏亚雷斯猴面包树）各自独立进化。一位爬上过猴面包树的植物学家进行了大量的野外工作，他发现马达加斯加的这两个物种分别由狐猴和果蝠授粉。直立花的物种和下垂花的非洲物种，两者的花部特征趋同进化，不具有共同的次生性状。这并不代表它们对我们植物学家来说一无是处，它们告诉了我们很多关于这些奇异的树的生活方式。

在安东尼·圣·埃克苏佩里的代表作《小王子》中，猴面包树代表了小王子星球上所有的邪恶，它们长得太大，就会破坏星球——"这是一个纪律问题……当你早上洗漱完毕时，你就该去仔细打理自己的星球。你必须确保在第一时间把所有的猴面包树都拔掉，这种树苗小的时候与玫瑰苗差不多，一旦可以把它们区别开的时候，就要把它拔掉。"小王子是对的，我们必须保护地球，但不要连根拔起标志性的猴面包树。它们已经与我们相处了几千年，见证着地球的变迁，所以，在未来，它们也值得我们更多的爱护和关注。

丝毛竺属（*Agnesia*）

阿格尼丝·蔡斯（Agnes Chase）

科： 禾本科（Poaceae）
属下种数： 7~8
分布： 南美洲（不包含安第斯山脉一带）

    如果你想说服一个非植物学家相信禾本科植物会开花，那会是一个不小的挑战。被同行称赞为"美国禾草院长"的阿格尼丝·蔡斯（Agnes Chase），就曾做过这样的事。她将她对禾本科的热爱归功于一件童年趣事——她带着一束禾本科小草向她的奶奶展示它们的小花，而奶奶坚持认为那些草不会开花。她后来回忆起这件事时说："我是对的，她是错的。"

    她是对的，禾本科植物属于有花植物。它们的花非常别致，虽小而全，可以说是"麻雀虽小，五脏俱全。"如果你有一穗小麦或偶遇生长在道路缝隙中的禾本科小草，仔细观察它们那细小的、毛茸茸的花序，你就会看到阿格尼丝·蔡斯看到的花。禾本科植物的一朵花称为小花，数百朵单独的小花规则排列成一个花序。小花生在小穗上，多个小穗才组成一个花序。任何具有这种独特外观、具有特化结构的植物类群通常都有自己的专业术语。但请先容我说清楚：每个小穗基部有两个苞片，称为颖片；每个小花外部又有两个类似苞片的结构，看起来有点像张开的下颚，称为外稃（下方）和内稃（上方）。这两个结构通常长着鲜明的尖刺，这些刺有的可能非常长，极其显著。在内稃和外稃内部就是植物的花，相当精简，只有 2~3 个雄蕊，花药在风中摆动；还有 1 个羽毛状的柱头，伸出来捕捉风吹过来的花粉。花雄蕊和子房的底部有三个微小的凸起。与其他花朵相比，这些凸起被认为是退化的花瓣。因此，这是一朵独一无二的花。当然，不同的禾本科植物在这个基本结构上还有一些区别：有的花内有刚毛；有的顶生或最后的小花是不育花，没有生殖部分。所有这些差异都有助于识别禾本科植物，不过这对初学者来说是出了名的困难。阿格尼丝·蔡斯注意到这一点，并于 1921 年首次出版了《禾本科植物初学者指南》，旨在向所有人打开禾本科植物的大门。作为世界上禾本科植物研究和分类的专家，她希望把她的知识和专长带给尽可能多的人。今天，我们可以说她为这方面科普做出了贡献。

　　玛丽·阿格尼丝·蔡斯的母亲早年丧偶，她独自带大五个孩子。阿格尼丝·蔡斯先是住在伊利诺伊州的农村，父亲去世时她才两岁，全家随后搬到了芝加哥。她上过学，但后来需要帮助家里维持生计。19 岁时，她在一份温和的社会主义杂志《学校先驱报》担任校对和排版员。该杂志致力于帮助农村学校教师。在那里，她遇到了编辑威廉·英格拉哈姆·蔡斯，随后与之结婚。英格拉哈姆·蔡斯是一个希望改变世界的理想主义者。他当时 34 岁，比她年长，年龄几乎是她的两倍，患有肺结核，结婚不到一年就去世了。为了偿清他的债务并为自己谋生，她去芝加哥一家报社做了校对工作。随着时间的推移，她逐渐发现自己校对是为了赚钱，而利用业余时间在伊利诺伊州北部和印第安纳州进行植物研究，则是为了获得乐趣。在植物研究过程中，她遇到了正在研究当地苔藓植物的埃尔斯沃思·杰尔姆·希尔牧师。希尔牧师发现阿格尼丝在绘图方面有天赋，因此说服她为他的论文绘插图，以换取植物学和显微镜使用方面的课程。这些课程对研究苔藓和禾本科植物非常重要。通过希尔，她又认识了芝加哥菲尔德自然博物馆（Field Museum of Natural History）的植物学家查尔斯·米尔斯波，后者让她无偿为该博物馆的两本关于中美洲植物的出版物绘制插图。

　　1903 年，考虑到她的进步和她作为插画师的高超技艺，希尔说服阿格尼丝申请华盛顿特区美国农业部（USDA）的植物插画师职位。她在所有申请者中名列第一。虽然申请时有点不情愿，但她还是爽快地接受了这个职位。这开启了她作为禾本科专家的辉煌事业。她为饲料部门的出版物

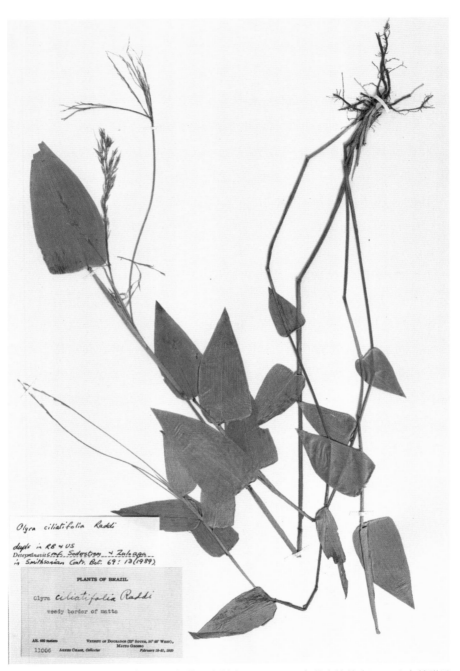

1930 年，阿格尼丝·蔡斯在巴西马托格罗索州（Matto Grosso）的多拉杜（Dourado）镇附近采集了睫叶黍竺（*Agnesia ciliatifolia*）的标本。她在记录里写到"杂草<u>丛生</u>的边缘"，并告诉后来的植物学家，它生长在灌木丛生的森林中。

绘制插图。该插图可能主要涉及禾本科植物。所以她在业余时间，开始研究让人惊恐的禾本科植物。她开始与美国农业部的农业学家艾伯特·斯皮尔·希契科克（Albert Spear Hitchcock）一起工作。刚开始她只是插画师，但很快她就成为一个与他地位相当的同事。到 1907 年，她被任命为系统禾草学的科学助理。然而，她并不是一个下属。虽然她从野外写给希契科克的信总是以"亲爱的希契科克教授"开头，但内容却都是对禾本科植物的观察、对回到标本室后如何处理材料的指示以及对世界的一般评论。这些信就像极好的朋友之间的信件。一位同事说："如果没有蔡斯夫人持续的兴趣和帮助，希契科克教授不一定能取得如此大的成就。"

1959 年，在蔡斯 90 岁生日时，她的同事斯沃伦赞美她说："虽然她的大部分工作是在美国农业部的禾本科标本室进行的，但蔡斯并不是一个'室内植物学家'。"她在美国各地进行实地考察。在 1908 年、1910 年和 1912 年，她在美国西部各州获得了禾本科植物野外一手资料，这对她所在机构的农业和牧场的任务非常重要。1913 年，她去了波多黎各，进行她的第一次"国外"采集之旅。1917 年，希契科克和蔡斯共同撰写的《西印度群岛草本植物》（*The Grasses of the West Indies*）在很大程度上依赖于她的野外考察。当希契科克拿到一个新的巴拿马运河区的考察项目，要求将他考察的部分津贴给蔡斯，以资助她的野外工作时，史密森尼学会的一位官员提出了一个所有女科学家都面临的问题："我不确定以'考察'目的雇用一名女士的服务是否明智。"

他大错特错！阿格尼丝·蔡斯是一位杰出的野外植物学家。这在她对巴西的两次长期采集之行中表现得淋漓尽致：第一次是在 1924—1925 年；第二次是在 1929—1930 年。巴西长期以来一直被美国禾本科植物分类学家所忽视，他们依赖于欧洲机构收藏的旧标本，而蔡斯开始着手调整这种状态。在她的两次考察中，她收集了超过 4 500 个禾本科植物标本，除此之外，还收集到许多其他类的植物。她的收集为世界上有记录的巴西禾本科植物增加了大约 10%。她在野外给希契科克的信中写道："在这两次旅行中，我将收集到迄今为止从巴西带出的最多的禾本科植物。"字里行间洋溢着她

野外和植物标本室都是她的家。阿格尼丝·蔡斯（1869—1963）在退休后的 20 年里，每天都在史密森尼博物馆的标本室工作。

的快乐和幽默，同时还有帮助巴西植物学家的真诚愿望。她在她第二次考察期间发出的一封信中提到，"在美国农业部为巴西同行提供文献的状况深表遗憾。"

在她的野外考察信中，社会评论和植物学观察内容比比皆是。在遇到一位逃离布尔什维克并强烈主张君主制的俄罗斯移民时，她开玩笑地说："也许这位移民在美国会过得更好，因为那里的人比较安分守己，如果抗议就会被监禁。"她非常了解这一点。阿格尼丝·蔡斯是一个坚定的女权主义者，曾两次被监禁，后来，还曾因在华盛顿特区的白宫和众议院进行公开绝食抗议而被强行灌食。她通过自己的行动表明，女性和男性一样有能力从事艰苦的野外工作。从她 1924 年考察的一张照片上可以看到，她和巴西植物学家玛丽亚·班代拉（Maria Bandeira）头戴软帽，长裤外面套着短裙，站在里约热内卢附近伊塔蒂艾亚山脉的阿古拉斯·内格拉斯山（又名黑针山）上。她四肢并用，最后用绳索攀爬上了黑针山。1929 年 11 月，她与收藏家内斯·梅希亚一起登上了班代拉峰。

……那里非常陡峭。尽管雨已经停了，竹子绊倒并困住了我们，还浇了我们一身水。……求而不得之时，让人心烦意乱。……一直往上，一直往上，我们跌跌撞撞地爬行了很久。我的膝盖摇摆不定。……但是最后，在下午三点半，我们挣扎着走出竹林，看到了在营地上休息的人们，我高兴地大叫起来，老安东尼奥咧嘴笑着说："勇气可嘉！"他说以前只有极少数男人做到过，没有女人能够成功。

因此，巴西禾本科的一个属以阿格尼丝·蔡斯的名字命名是很合适的。丝毛竺属（*Agnesia*）是在她去世后第 30 年，也就是 1993 年才被描述并命名。它以前被归入大型黍竺属（*Olyra*）的一个物种，新属可通过小穗和小花的细微结构的差别区分出来。新属经常被这样划分确立：一个大属的一部分与其他植物非常不同，值得划分成新属。最近，丝毛竺属扩大了，包括更多以前被认为属于黍竺属的种，其中就包括一个分布广泛的睫叶黍竺（*Agnesia ciliatifolia*）。该种被阿格尼丝·蔡斯在巴西不同地方采集了大约 30 次。

丝毛竺属是亚马孙雨林中"草本竹子"之一。我们通常认为竹子像树一样高大，但这些小竹子是黑暗雨林下层的小型草本植物，甚至看起来不太像禾本科植物。我曾把它们误认为蕨类植物。热带雨林的林下对小的禾本科植物来说是一个不寻常的栖息地。虽然森林的树冠或边缘可能有风，但林下通常是相对静止的，空气流动很少。那么，这些林下小禾本科植物是如何想办法进行传粉的呢？大多数禾本科植物是风媒传粉，它们依靠风将花粉粒从一株植物带到另一株植物上，因此它们进化出了那些悬空的雄蕊和羽毛状的花柱。对其他草质竹子的研究（但还没有对丝毛竺属植物的研究）表明，昆虫是这些植物的常客。苍蝇、无刺蜜蜂和甲虫被密密麻麻的、具有亮黄色花药的小花吸引，然后用身体带走那些花粉。通常，食蚜蝇科（Syrphidae）的幼虫是捕食性的，但食蚜蝇科中有几个热带物种的幼虫以这些草质竹子的花粉为食。在食蚜蝇产卵过程中，雌蝇将花粉从一棵植物带到另一棵植物，完成传粉。对于热带的禾本科植物，我们还有很多东西要研究学习。阿格尼丝·蔡斯一定会喜欢这些的。

这位一生致力于了解禾本科植物

你可能认为睫叶黍竺（*Agnesia ciliatifolia*）根本不是禾本科植物，这是可以理解的，因为这些小竹子经常被误认为是鸭跖草或生姜。

的"人型草"也是其他植物学家的坚定支持者，特别是那些来自美国热带地区的植物学家。她的家对他们完全开放。许多学生在史密森尼学会的美国国家标本馆里花大量时间研究禾本科植物，阿格尼丝·蔡斯也每天都在那里工作，包括星期六。即使在她退休后的几年里，她也取得了很多成就。1951年，她全面修订了希契科克的《美国牧草手册》(*Manual of Gasses of the United State*)。这本书因为"希契科克和蔡斯"而广为人知，是农业学家的圣经。她还完成了一个"数据库"，在8万多张索引卡上记录了所有的植物名字。这本书在她94岁去世前及时出版。在她停止工作的5个月后，正好是她进入疗养院的第一天，她就拿到了这本书。她对禾本科植物的热爱不仅仅是一份名录，它贯穿于她整个一生。当她因为在野外找不到栖息地感到绝望时，她写道："当我看到一片干净的草地时，我的精神就无比振奋。"

佛塔树属（班克木属）（*Banksia*）

约瑟夫·班克斯（Joseph·Banks）

科： 山龙眼科（Proteaceae）
属下种数： 约 170（包括蓟序木属）
分布： 澳大利亚，新几内亚有 1 种

每个澳大利亚儿童都听说过"班克木大坏蛋"（Big Bad Banksia Men），他是梅·吉布斯（May Gibbs）在 20 世纪初创作的《小胖壶和小面饼》（*Snugglepot and Cuddlepie*）系列作品中的大坏蛋。作品中人物的原型都是澳大利亚的本土植物，通常在西澳大利亚就能找到它们，那是吉布斯小时候玩耍并长大的地方。大坏蛋是根据班克木成熟球果的外观设计的，其张开的蓇葖果是嘴巴和眼睛，而宿存的花朵是毛茸茸的身体。吉布斯回忆有一次与她的表兄弟在西澳大利亚散步时，说："我们来到一片班克木林，我发现几乎每根树枝上都坐着这些丑陋的小恶人，班克木大坏蛋就是这样诞生的。"

大坏蛋张开的大嘴是个别张开的蓇葖果。班克木的花序由许多小花紧密排列而成，其果实结构被称为球果。每个蓇葖果通常在火灾后张开。为了适应火灾频发的生态系统，班克木将种子散落在肥沃、富含灰分的土地上。大多数孩子在读班克木大坏蛋的故事时，可能不知道他们在说一个植物

班克木球果上张开的嘴是单朵小花的干燥果实，称为蓇葖果。不是每朵花都能发育成含种子的果实，但只需要有一朵成功就能取代母株。

的学名和一种罪恶的行为。班克木属是以约瑟夫·班克斯（Joseph Banks）的名字命名。他与澳大利亚的关系好坏参半，坏的时候几乎和那些班克木大坏蛋一样坏。

约瑟夫·班克斯是一个生来享有特权的英国人。他的家族是林肯郡的地主，但班克斯于1743年出生在他们位于伦敦索霍区的家中。班克斯不是一个爱读书的孩子，他喜欢四处闲逛，只有当研究博物时，他才开始行动，认真思考。作为地主阶级的一员，他可以自由地追求他博物的爱好。在伊顿和牛津，他花在植物学上的时间比学习古典文学的时间多得多。他的独立和创新能力很早就得到了体现，因此他被允许参加"发现之旅"。这次旅行是自掏腰包，但皇家学会在道义上对探险进行支持。1766年，他首次前往纽芬兰，后来的行程就众所周知了。他陪同詹姆斯·库克船长（James Cook）参加了英国皇家海军"奋进"号的航行，在塔希提岛观察金星凌日，

1771年，约瑟夫·班克斯（1743—1820）和詹姆斯·库克船长一起乘坐英国皇家海军"奋进"号返航途中，他有满脑子想法，但从未抽出时间发表他的植物学研究成果。

然后前往南方，确定南方大陆的形状和位置，沿途收集博物标本。早期的地图显示，南方大陆是一个与欧亚大陆大小相当的大块陆地，几乎"平衡"了南半球和北半球。不过，当时它真的是"未知之地"吗？

在"奋进"号上，班克斯不仅带上了植物学同伴丹尼尔·索兰德（Daniel Solander）——他是伟大的瑞典植物学家卡尔·林奈的学生，还带上了绘图师赫尔曼·斯普林、两位艺术家悉尼·帕金森和亚历山大·巴肯、四名仆人和最好的科学采集工具。要在一艘相对较小的船上装下以上所有人和工具，以及管理船只本身所需的全部水手，并在整个三年的航程中和

睦相处，这可不是一件小事。在塔希提岛成功记录了金星凌日后，库克船长带着"奋进"号向南航行。1770年4月下旬，班克斯在现在被称为"植物湾"的地方第一次见到了他的同名植物属植物。在那里，他和索兰德收集了三个后来被称为班克木的物种，全部物种都由天才的悉尼·帕金森所画。班克斯的队伍非常庞大和非比寻常，他的号召力也非常强大，以至于他们一回到英国，这次航行就被称为班克斯先生的航行，而不是库克的航行。班克斯的博物收藏成为热门话题。许多人来到他的家中，目瞪口呆地看着这些来自遥远国度的文物和标本。"奋进"号的航行使班克斯声名鹊起。他被选入皇家学会，成为伦敦社交界的宠儿，一般来说，学会每一件事都要征求他的意见，他也什么事都想管一管。

他试图组织第二次前往澳大利亚的航行，但以失败告终。他计划宏伟，为了容纳更大的团队，在扩大船只时直接导致了船只倾覆。班克斯一气之下另谋他事，比如去俄罗斯或去冰岛旅行。但在"奋进"号之后，他真正的生活并没有离开伦敦和那里的俱乐部、社团和年轻姑娘。国王乔治三世非常欣赏班克斯，并向他寻求植物方面的建议，包括他准备在里士满附近的基尤区建皇家植物园。班克斯还对派遣第一舰队去澳大利亚殖民的决定产生了相当大的影响。1776年的美国独立战争意味着英国政府不能再把罪犯运送到东海岸（即后来的美利坚合众国）来释放英国监狱的空间，他们必须找到解决监狱过度拥挤的另一种办法。18世纪，英国政府对犯罪的惩罚非常严厉，穷人犯下较轻的罪行就可能被处以绞刑，但最后往往变为流放。澳大利亚的新南威尔士，这片被班克斯和库克歌颂的土地，被认为是一个可以解决监狱拥挤问题并在经济上使英国受益的宝地。班克斯向议会委员会提供的证词足以推动事态的发展。然而，一旦被流放到澳大利亚，人们便会发现，并没有任何土地可以被改造成英国乡村的模样，等待着他们的只有坚硬、贫瘠的土壤，少得可怜的水和比之前的生活多一点点的自由。

而班克斯却功成名就，早已成为英国皇家学会主席。即使在18世纪后半叶法国大革命使政府无暇顾及其他事情时，他仍倡导人们殖民植物湾。他出资将"树木、有用的植物和种子"运送到新殖民地，并开始派遣植物猎人去进一步探索澳大利亚的新奇植物。这其中就包括植物学家罗伯特·布朗（Robert Brown）。罗伯特·布朗与费迪南德·鲍尔（Ferdinand Bauer）乘坐马修·弗林德斯率领的皇家海军"调查者"号探索了澳大利亚南部海岸，发现了更多令人惊叹的班克木种类，当时卡尔·林奈的儿子（也叫卡尔）以班克斯的名义描述了这些树种："为了纪念约瑟夫·班克斯，他撰写了南海地域所有被发现的植物并配有精美插图这部优秀巨著。"直到20世纪80年代，有了帕金森在"奋进"号航行中绘制的插图制作的743块图版，这部巨作才最终得以出版。班克斯回国后，他聘请了一个艺术家团队，把帕金森在航行中所作的绘画和素描雕刻成铜版。尽管计划把三年航行中发现的植物汇集成册，出版《花卉集锦》（Florilegium）是班克斯的一个梦想，但他的注意力又转移到了许多其他的兴趣和事业上，这个项目在他的有生之年没有完成。

除了新几内亚（New Guinea）有一个单一物种外，其他的班克木属物种都分布在澳大利亚大陆。它们和桉树一样，是澳大利亚植被的代表性植物，并且种类繁多，从匍匐的垫状灌木到25米高的树木，差异很大。但所有物种都有复杂、艳丽的头状花序。它们由许多具有狭长花瓣的小花组成，并且含有丰富的花蜜，是许多动物包括人类在内的食物来源。大多数班克木属植物是由依靠糖分为食的鸟类或哺乳动物授粉。但其中一些班克木的传粉系统非常有趣，例如怪味蓟序木（Banksia epimicta），其恶臭的花朵被暗褐色毛茸茸的苞片包裹，看上去就像一只躺在地上的死鸟，正是这样的特点，吸引了丽蝇来为它传粉！不仅如此，班克木还适应了火灾，它们能够在澳大利亚易发生火灾的地区生存下来，主要依靠两种途径：一是靠"发芽者"，通过从树干基部重新发芽；二是靠"播种者"，通过火灾使蓇葖果开放，将成千上万的种子播撒到肥沃的土地上。人们认为"班克木大坏蛋"的灵感来自西澳大利亚的"播种者"香花班克木（Banksia aemula）。虽然班克木能够适应火灾，但如果火灾太频繁或者空气太热，依然可以杀死发芽者和播种者。

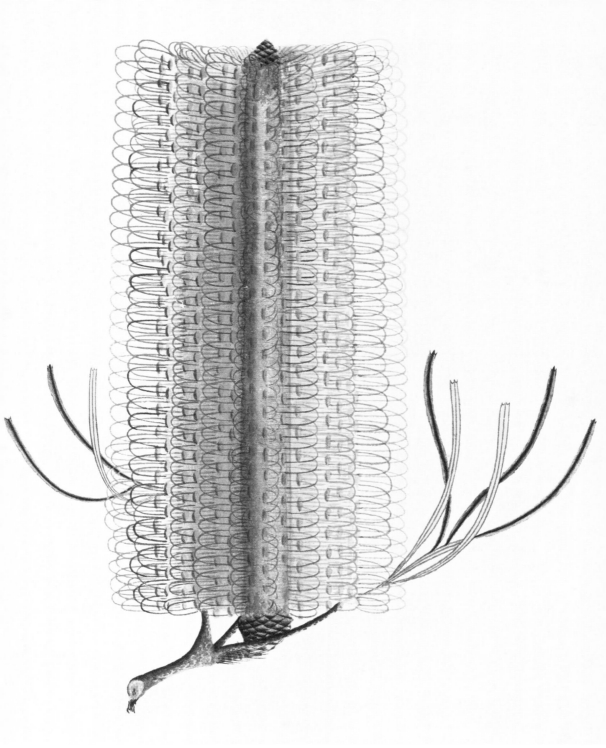

这幅关于多刺班克木（*Banksia spinulosa*）的油画《发夹班克木》，是在第一批欧洲殖民者到达澳大利亚后不久，由一位被称为"杰克逊港画家"的不知名的艺术家完成的。

因此，当澳大利亚一个科学团队根据 DNA 测序分析的结果，决定把之前蓟序木属（Dryandra）的植物 [该属由罗伯特·布朗以丹尼尔·索兰德的一位同事，林奈的另一位学生乔纳斯·德兰德（Jonas Dryander）的名字命名] 归并到具有代表性的独立的班克木属时，可以想象人们当时有多惊愕。这与在传统分类方法中把这两类植物作为不同属的结论背道而驰，它们虽然关系紧密但很容易区分。那么，当时的问题是什么呢？问题在于分类学家定义类群的方式，比如说属。分类的目的是确定我们所说的单系——一个共同祖先的所有后代。班克木属和蓟序木属的问题在于：蓟序木属确实是单系，但它是班克木属内部的一个分支，这使得班克木属成为我们所说的并系——一个未包括全部同一共同祖先的所有后代的群体。如果不包括蓟序木属，班克木属就不是一个单系。另一种说法是，蓟序木属被嵌套在班克木属中。这种情况也发生在鸟类和恐龙身上：鸟类是一个单系群，但恐龙如果不包括鸟类，它就不是单系。随着时间的推移，鸟类和蓟序木属都经历了大量的形态变化，以特殊的方式适应它们的环境。这就能解释为何它们与它们的近亲看起来如此不同，但数据却告诉我们它们关系紧密。

那些希望保留传统的两个属的人，关注的主要差异之一是花序形状：班克木属的花序较高、细长，看起来更像瓶刷；而蓟序木属的花序较短、扁平，底部有一圈扩大的叶状结构，看起来有点像矮胖的菊花。但也有一些传统上属于班克木属的物种，它们的球果就像蓟序木属植物一样短。传统主义者还认为，DNA 测序分析中没有包括足够多的物种，也没有使用整个基因组。争论的焦点在于接不接受分类中的并系。名称的改变会打乱之前的理论，但这往往是一个信号，表明我们对这个群体有了新的认识。那么，该如何处理班克木属呢？对于这样的问题，通常有几种解决方案：一种是承认一个更具包容性的班克木属，包括共同祖先的所有后代；另一种是承认许多较小的群体，每个群体都有一个新的属名。澳大利亚植物学家选择了前者，现在该国的官方植物名录也接受了包容性的班克木属。这意味着名称上要有许多变化，因为蓟序木属植物比班克木属的多得多。这些变化发生在十多年前，尽管传统主义者不断抱怨说："没有义务仅仅因为这是最新的词，或者因为标

澳大利亚西部鸟巢状班克木的花，巴克斯班克木（*Banksia baxteri*），从大型圆锥状花序的底部开始依次开放，持久地为植物的食蜜传粉者提供花蜜。

本馆采用了它，就必须遵循这一变化。"的确！但如果我们使用相同的名称，难道不是更有助于我们相互沟通吗？如果进化关系的科学证据告诉我们一个与传统观点相悖的理论，难道不该重新审查证据吗？

约瑟夫·班克斯于1820年去世，他知道在他和丹尼尔·索兰德在植物湾收集的大量植物中，有一个属是以他的名字命名。他让当时的图书管理员罗伯特·布朗将他的植物标本和图书馆遗赠给了大英博物馆［其中一部分现在是英国自然历史博物馆］；在他的同事汉弗莱·戴维（Humphry Davy）爵士的记忆中，他是"一个幽默而开明的人，谈话方式自由多样，是一个宽容的植物学家，并且熟悉博物学。……他时刻准备着促进科研人员目标的实现，但他要求被视为一个资助人，并且很乐于接受别人虚伪的奉承。"我认为班克斯，这位"更宽容的"植物学家，会更喜欢包含了相对多样和进化新颖的大班克木属，而不是他以前同事们所说的那样。

叶子花属（*Bougainvillea*）

路易斯·安托万·德·布干维尔（Louis-Antoine De Bougainville）

科：紫茉莉科（Nyctaginaceae）
属下种数：10 ~ 15
分布：南美洲南部

　　当我第一次参观中国深圳仙湖植物园时，我被入口处建筑上那些层层叠叠、色彩鲜艳的叶子花震撼得难以呼吸。叶子花是深圳和世界上许多其他热带和亚热带城市的市花，如关岛、格林纳达和海南。这些城市都在赞美这种植物鲜艳的洋红色、橙色或黄色"花朵"。它们通过英国殖民者到达印度，如今已成为印度景观的重要组成部分。从西孟加拉邦到泰米尔纳德邦，许多当地地方品种和栽培品种装点着花园。虽然所有的叶子花都原产于南美洲的干旱和半干旱的森林，但并不是所有的品种都有鲜艳的色彩。在玻利维亚的干旱森林中，我就曾经采集到一种具有绿色苞片的、不起眼的叶子花。

　　叶子花鲜艳的色彩并不是来自花朵，而是来自通常由白色或乳白色管状花组成的花序上的叶状苞片。叶子花有一个俗名叫"纸花"，因为这些变态叶有纸的质感。以毛茛的黄色花瓣和绿色萼片为例，大多数植物都是

阿根廷北部的梭房叶子花（*Bougainvillea stipitata*），它的苞片没有栽培种的鲜艳，但同样排列在一群管状花的周围。

一朵花有一圈萼片（花萼）和一圈花瓣（花冠）。紫茉莉科的成员则有点不同。叶子花的花只有一个未分化的花瓣状的环状物，称为花被。在狭窄的花被管的底部有一个较大的结构，可以分泌含糖的花蜜，这是给那些传粉者来访问花朵并将花粉带到其他叶子花的奖励。在栽培的叶子花中，对来访的昆虫和鸟类起吸引作用的不是花，而是色彩鲜艳的苞片。每朵花的底部都有一个这种像纸一样的苞片，在栽培品种中，它们有一系列令人眼花缭乱的颜色，从鲜红色到白色，但"经典"的叶子花颜色是洋红色——最火辣的粉色。许多植物都有色彩鲜艳的花朵，但叶子花和它近亲的花的颜色几乎是荧光的，它们是如此鲜艳。这是它们的细胞中产生的色素所致。叶子花属于石竹目。这个类群很久之前就已经被认可，其特点之一是可产生甜菜色素，而不是更普遍的花青素，这些色素使植物局部呈现红色。

甜菜色素这个名字来自甜菜属（*Beta*）的甜菜，也是石竹目的成员。它在一些真菌如毒蝇鹅膏菌（*Amanita muscaria*）和一种细菌如葡糖醋杆菌（*Gluconacetobacter xylinum*）中也存在，但在开花植物中，目前仅在石竹目植物的成员中发现。石竹目包含大约40个科：我们比较熟悉的科是仙人掌科、甜菜科，当然还有四叶草科，叶子花科也是其中之一。在大多数其他开花植物中，红色和蓝色是由被称为花青素的色素造成的，而黄色是由黄酮造成的。花青素和甜菜色素都是由氨基酸前体衍生出来的。花青素来自苯丙氨酸，而甜菜色素来自酪氨酸。产生甜菜色素的植物永远不会产生花青素，反之亦然。它们是相互排斥的。

但是，像叶子花这样具有甜菜色素的植物，仍然保留了合成花青素的化学途径，并且该途径中的一些早期

路易斯·安托万·德·布干维尔伯爵（1729—1811），生动地记录了太平洋地区居民的特点，影响了后来的哲学家们，如让－雅克·卢梭（Jean-Jacques Rousseau）的"高贵的野蛮人"的思想。

步骤是共享的。最初，这两类色素是一起存在的，但由于它们竞争相同的底物，竞争可能向任何一方发展：如果化学反应沿着一条途径进行，就会产生花青素；而如果反应朝着另一条途径进行，就会得到鲜艳的甜菜色素。这些色素适应的重要性尚不清楚，但一旦在一个品系的祖先中发展起来，后代就会继承这种"共同衍征"。共同衍征能确定群体的分组。尽管我们经常把甜菜色素的存在作为这样一个特征，但实际上重要的是化学途径本身。类似这些引人注目的色素的新特征也可能在世系中消失。这就是系统分类学的挑战。在原本含有甜菜色素的科中，一些科又变成产生花青素的模式。这是否意味着产生甜菜色素的能力已经丧失？还是这种能力已经演变了很多次？关于这些色素的化学和生物学特性，还有很多问题有待解答。它们给我们带来了鲜艳的叶子花苞片，装点着热带和亚热带的花园。

叶子花属的名字来自伟大的法国士兵、18 世纪的探险家路易斯·安东尼·布干维尔（Louis-Antoine de Bougainville）。布干维尔是一位杰出的人。今天，至少在英语世界，人们通过以他名字命名的植物记住了他。他来自一个学者和律师家庭，年轻时因一篇关于分析无限小的数学论文而获得认可，也许这预示着他的学术生涯将非常辉煌。然而，后来他却加入了军队，并随军前往加拿大，在所谓的七年战争中与英国人争夺北美内陆的所有权。他被任命为路易-约瑟夫·德·蒙特卡姆将军的副官，被派往有冲突的边界视察部队和防御工事，以及全面视察法国为冲突所做的准备。

在加拿大时，布干维尔对这片土地、人民和他们的习俗做了记录。蒙特卡姆将军写信给战争部长说："我从不放过任何一个机会来了解这个鲜为人知的国家。布干维尔先生的洞察力你无疑是熟悉的，为了完成这件事，他比我更加努力。也许有一天我们会证明这对这个殖民地有用。"布干维尔本人也被加拿大迷住了，"好一个殖民地！好一个民族！多么优秀的人民！"尽管在七年战争中遭受了灾难性的损失，但回到法国后，布干维尔备受推崇，他被路易十五的宫廷和他的妃子蓬巴杜夫人誉为英雄。他本可以在宫廷中度过一生，但他却重新开始服兵役。1762 年，《枫丹白露条约》将法国在印度和北美东部的"财产"割让给英国，并将路易斯安那秘密"赠与"西班牙。他十分厌恶该条约，并开始尝试在某个地方重新确立法国的主导地位。他把重点放在了圣马洛岛（今天的马尔维纳斯群岛，英国称福克兰群岛），从那里出发，对太平洋上地图上尚未标明的岛屿进行殖民。布干维尔发现政府的国库竟然一贫如洗，于是提出自己资助海军远征。他随即成立一家公司，由富有的船主和其他人认购。不过由于受到英国人的阻挠，这次尝试以失败告终。但前往太平洋的热潮已经开始。1766年，布干维尔带领"赌气"号和"星辰"号两艘船，从南特港出发，环游世界。

植物育种工作者利用了叶子花苞片颜色的自然变化，培育了从黄色和橙色到洋红色和红色的各种颜色的叶子花。

　　除了通常的水手之外，探险队还有一位官方植物学家菲利贝尔·德·康默生（Philibert de Commerson）。正如现在我们所知道的，布干维尔远征队是第一支有专业植物学家参与的、由皇室资助的远征队。这种派远征队到外面的世界进行殖民的做法随后被其他欧洲君主复制。康默生还带了一个助手，一个名叫让·巴雷（Jean Baré）的年轻人，当他们在那些著名的地方采集和记录时，他都参与其中，成为这段自然探究活动的一部分。1767年6月，两首船在里约热内卢登陆，他们受到了葡萄牙当局的冷遇。政府不允许他们在城市范围之外游览，这让第一次看到如此丰富多彩的热带植物的康莫生和巴雷相当恼火。尽管在里约热内卢的时间很短，但我们知道植物学家们还是走出了城市范围进行采集，标本馆的标本就是证明！一些标本仍然保存在巴黎自然博物馆中。其中一种是有刺的藤蔓，开着鲜艳的洋红色"花朵"。标本上的标签显示了康默生和巴雷是如何试图用

叶子花纸质鲜艳的苞片包裹着一个花序，花序的颜色与苞片的颜色形成对比，从而引导传粉者找到花蜜。

当时的科学语言——拉丁语对他们发现的植物进行分类的。康默生在其中一个标签上写道（用拉丁文）："（我们）给这个新成立的属起了一个新名字，并从最受尊敬的布干维尔先生那里得到了这个名字……他欣赏博物、艺术和科学的所有领域。"

在提议以布干维尔之名命名该植物时，康默生和巴雷不仅承认他作为探险队队长的重要性，而且还承认他对科学的兴趣。但康默生从未描述过这种植物，为这种植物正式命名的是由后来的植物学家安托万·德·加希耶（Antoine de Jussieu）。名称在发表之前是不能使用的，而康默生没有活着看到他采集的标本在那次漫长而多事的航行结束后到达巴黎。这次航行确实是多事之秋。在巴西短暂停留收集叶子花之后，船只绕过了南美洲的最南端。布干维尔写道："……很难想象有什么比这更可怕的事情。"他们安全地进入了太平洋，并经过火地岛的风暴之后，船只开始在未知的海域航行，显得格外风平浪静。

他们是第一批在塔希提岛登陆的欧洲航海家。那里对他们来说是热带天堂，他们一停就停了几个月。在那里，让·巴雷在几个月的海上航行中一直保持的年轻男孩兼植物学助理的伪装被揭穿了，让实际上是珍妮，一个女人！对康默生来说，他在职业生涯的早期就一本正经地写过关于美德的文章，却被发现把自己的情人偷渡到船上当助手，多么讽刺啊！布干维尔则泰然处之，在谈到珍妮时他说："她从一开始就知道胜利在望，这种航行的想法激发了她的好奇心。她将是第一个完成这一任务的女性，我必须为她主持公道，承认她在船上行为得体，在整个航程中都算得上模范。"对富有冒险精神的布干维尔来说，有人想一起去一定是很合乎逻辑的，不管这可能是多么不寻常。

离开塔希提岛后，船只航行了几个月都没有着陆。他们绕过了新赫布里底群岛，彻底证明了葡萄牙人提出的"圣埃斯皮里图"大陆实际上是一个群岛。食物和水的供应不足了。一半的船员患有坏血病，不适合执行任务。所以他们没有转向南方去布干维尔所谓的"新荷兰"，而是转向摩鹿加群岛，在那里可以在荷兰东印度公司控制的殖民地进行整顿。修理好船只，

珍妮·巴雷，一位名出色的草药医生，伪装成一名船员参加了布干维尔的环球航行。毫无疑问，她的植物学知识对船上的官方植物学家菲利贝尔·德·康默生帮助很大。

补给充足的物资，他们准备返回法国。在毛里求斯（他们称之为法兰西岛），康默生和珍妮·巴雷离开了团队，留下来研究该岛和马达加斯加附近的动物和植物。康默生后来在毛里求斯去世，他从未发表过他在环球航行中卓越的观察结果，都留给了其他人，但他的名字存在于许多由他采集的新物种的学名当中。航行结束之后，这些新物种被整理好，一路奇迹般地回到了巴黎。后来，珍妮·巴雷返回法国，并与当地的法国军官让·迪贝纳结婚。在法国，她被政府授予退休金，以表彰她的勇敢和贡献，这一点得到了布干维尔的支持。遗憾的是，康默生提议以她的名字命名的属"Baretia"从未出版。布干维尔再次作为英雄回到了法国。尽管法国王室没有获得新的领土，但他已经环游了世界，他关于这次航行的精彩描述广受赞誉。他仍然渴望冒险，提议再进行一次远征，去寻找穿越北极的西北通道。但由于法国政府缺乏资金，这个计划被束之高阁。

布干维尔一生都重视功绩而不是社会地位，他对当时因头衔而不是因功绩而提拔人的习俗大加抨击。因此，他可能会同情法国国内的革命者，但他仍然是王室的坚定捍卫者。当暴徒闯入杜勒里宫时，他就在路易十六的身边。令人惊讶的是，他在恐怖活动中幸存下来，并作为拿破仑军事成功的缔造者之一东山再起。他死后葬在先贤祠，被公认为是一位伟大的探险家和法国公民。以他名字命名的植物——叶子花属植物在世界各地的花园和温室中持续生长。对于他为我们了解自然世界所做的贡献，这无疑是最恰当的纪念。

鸭跖草属（*Commelina*）

简·科默兰（Jan·Commelin）

科： 鸭跖草科（Commelinaceae）
属下种数： 150~200
分布： 世界广布，主要是热带地区

在他的《植物学评论》（*Critica Botanica*）中，卡尔·林奈解释了为什么鸭跖草属植物适合用"*Commelina*"这个名字命名。他写道："鸭跖草有三片花瓣：两片花瓣漂亮，第三片则不显眼，正好对应着科默兰（Commelin）家族的三位成员，其中两位是伟大的植物学家，另一位在植物学方面却毫无建树。"在林奈之前，法国植物学家查尔斯·普卢米尔（Charles Plumier）在作品中已经把这个属名献给了两位科默兰：简和他的侄子卡斯帕，而他继续采用了这个属名，并用他自己对花瓣数量和卡斯帕一个儿子的浪漫联想来渲染这个原本很简单的敬献。值得一提的是卡斯帕·科默兰（Caspar Commelin）有两个儿子，他们都不是植物学家：一个在襁褓中夭折；另一个是阿姆斯特丹的一位知名医生，在普卢米尔的书出版时他才三岁。

虽然普卢米尔对两位科默兰的介绍缺少点浪漫色彩，但是他在他们的植物学成就上表达得淋漓尽致："科默兰家族大名鼎鼎。阿姆斯特丹市参议员简·科默兰（当他还活着的时候）以及阿姆斯特丹市医学会和医学园的卡斯帕·科默兰医学博士，培育了来自东印度群岛和西印度群岛等地的稀有植物，并为这些植物做了描述和活体植物绘画。"（译自拉丁原文）

简·科默兰是一位杰出的药品商人。在 17 世纪中叶，阿姆斯特丹市和整个荷兰的药房和医院都由他来供货。他在阿姆斯特丹市担任政治职务，最

简·科默兰（1629—1692），通过主要从植物中提取的药物贸易积累了财富和地位，在阿姆斯特丹市政府中很有影响力。

终成为管理该市的 36 名议员之一，并在这个职位上一干就是 20 多年。在荷兰向外扩张的黄金时代，像科默兰这样的商人是社会的中心。在 17 世纪初期，荷兰东印度公司（The Dutch East India Company）由几个独立的贸易公司合并而成，起初只做丝绸进口。直到荷兰政府授予它对香料贸易的垄断权，它就成长为"典型的企业集团"或第一个真正的跨国公司，主要在现在的印度尼西亚的岛屿上从事香料生产和贸易，为全球供应香料。此外，该公司还投资造船和工业。荷兰东印度公司是资本主义企业的一个典范。

基于他对植物的浓厚兴趣以及在贸易中学习的植物学专业知识，简·科默兰开始出版植物学著作，第一本是有关在荷兰种植柑橘的书。在进入市政府后不久，他在哈勒姆南部购买了一处房产，并收集了一些异国植物，几乎可以肯定，这些植物是从荷兰东印度公司的航行中采集的。他编辑并注释了《马拉巴尔园林植物》（*Hortus Malabaricus*）中第一卷的所有内容。该名录是荷兰东印度公司在马拉巴尔（今天印度喀拉拉邦的科钦）的总部所在地——科钦的植物名录，由荷兰马拉巴尔总督亨德里克·阿德里安·范·里德·托特·德拉肯斯坦（Hendrik Adriaan van Rheede tot Drakenstein）编撰。里德·托特·德拉肯斯坦和简·科默兰是通过伊蒂·阿丘坦（Itty Achuthan）认识的。伊蒂·阿丘坦是当地一位传统医生，他把写在棕榈叶上的医学手稿用马拉雅拉姆语口述出来，后来又被翻译成拉丁文，供简·科默兰等人编辑。这部作品侧重于具有医学价值的植物，这

鸭跖草是这种野紫草蛾的幼虫的寄主植物之一。在 18 世纪，美国佐治亚州以植物学名给此蛾命名。

对从事药品贸易的科默兰来说意义重大，因为在当时药品几乎完全来自植物。

1682年，阿姆斯特丹市议会投票决定在城郊的德普兰塔奇地区建立一个药用植物园"Hortus Medicus"——专门种植药用植物的花园。简·科默兰和琼·海德科珀·范·马尔塞文（Joan Huydecoper van Maarseveen）都是议员，他们被任命为这个新机构的专员。阿姆斯特丹植物园如今仍然在那个地方。简·科默兰开始了一项艰巨的任务，为药用植物园中栽培的所有植物绘制彩色插图并出版植物名录。后来，他的责任不断增加。他被任命为阿姆斯特丹市的"林业总管"，有权管理药用植物园以及所有其他城市经营的种植园。最后，在1690年，他的付出得到了回报。他于1692年去世，当时名录只出版了一卷，他的下一代接替他完成了这项工作。

1696年，简的侄子卡斯帕在获得医学学位后被任命为药用植物园的植物学家。他追随他叔叔的脚步，首先出版了《马拉巴尔园林植物》的索引，其中他将同一种植物的所有学名和别名都列在一起。他继续组织为花园中栽培的所有植物绘制彩色插图的工作，委托多位艺术家作画，包括玛利亚·茜比拉·梅里安（见元丹花属 Meriania）的女儿乔安娜·海伦娜·赫罗尔特的一些作品。那些年，卡斯帕和乔安娜建立了密切的工作关系，后来，他为梅里安关于苏里南昆虫蜕变的书提供了植物学注释。卡斯帕出版了几本植物园里的植物名录，但由于他先是获得了荷兰东印度公司的医生职位（为此他每年都会得到一份香料作为报酬！），后来又担任了阿姆斯特丹市所有医疗和制药活动的检查员，他在植物学方面的写作就停顿了。在17世纪，医学和植物学是一个领域，而科默兰家族凭借其商业和医学利益，对后来植物学发展成一个专业产生了重大影响。

对林奈来说，那两片艳丽的花瓣象征着简和卡斯帕，只开放几个小时，甚至不是一整天，因此俗称"白日花"。鸭跖草属植物是草本植物，有草一样的叶片，它的花成群结队地包在两个闭合的苞片里，称为佛焰苞。每朵花都有两片大的、朝上的彩色花瓣，颜色因种而异，通常是蓝色或橙色；

还有一片小得多的、朝下的白色花瓣；再加上六个特殊排列的雄蕊或花粉器官。但并不是所有这些类似雄蕊的结构都充满花粉，它们分为三种类型：在花的中央，短而直的茎（花丝）上有三个亮黄色的十字形结构，这些是退化雄蕊，没有花粉或花粉很少，但在吸引传粉者方面具有重要功能；在下部白色花瓣和花柱的两侧拱下来，有两个雄蕊着生在长长的花丝上，它们的花药（称为侧花药）充满了花粉，但颜色暗淡，不怎么显眼；最后一个雄蕊与三个退化雄蕊一起，在向上弯曲的花丝上，它的花药（称为内侧花药）呈亮黄色，充满了花粉，这是对来采花的蝇类和蜜蜂的奖励，因为鸭跖草属植物的花没有花蜜。对鸭跖草（*Commelina communis*）花的实验表明：明亮的蓝色花瓣吸引了来自远方的授粉者，主要是食蚜蝇科的食蚜蝇。食蚜蝇能飞在空中悬停，有黄色和棕色的条纹，看起来有点像精致的蜜蜂，和其他蝇类一样是许多开花植物的重要传粉者。

　　亮黄色的退化雄蕊和充满花粉的内侧花药可引导昆虫落在花上的方向，

去除了鸭跖草的亮黄色 X 形退化雄蕊之后，食蚜蝇就不会落在这朵花上。这表明这些不育结构对吸引关键传粉者非常重要。

这样它们的腹部就会接触到侧花药，将花粉带到下一朵花。花粉被刷到柱头上，向胚珠生长并使之受精，产生种子。如果没有那些退化雄蕊，昆虫在试图进入花中之前会盘旋更长时间，而且往往因找不到线索就放弃了。中间的花药并不在昆虫身体上粘上花粉，而是喂养来访的昆虫，其功能是将昆虫定位在花中正确位置，以便它们刷到侧花药进行传粉。鸭跖草花各部分之间复杂精细的配合机制提供了一套传粉操作指南，引导授粉者最大限度地在花与花之间传递花粉。

一些鸭跖草属植物非常奇特，同一株植物上具有两种花：一种是正常开放、色彩鲜艳的花瓣的花，另一种是不开放只进行闭花受精的花。这些闭花受精的花生长在地下，靠近植物的基部，它们永远不会开放，完全是自花受精，以防止露天开放的、鲜艳的花朵授粉失败。一些鸭跖草属植物是入侵杂草，它们非常耐阴，抗干燥，可在土壤种子库中保存很久，并能通过快速生长和传播扼杀其他植物。在北美的 9 种鸭跖草属植物中，有 6 种是引进的，其中一种饭包草（*Commelina benghalensis*）被列为有害杂草，因为它不利于美国南部的棉花、花生和大豆作物生长。在中国，鸭跖草因导致大豆大幅减产已被记录在案。在加勒比海地区，为减少水土流失，另一种鸭跖草属的竹节菜（*Commelina diffusa*）曾被作为地被植物种植。同时它还是香蕉上一些重要线虫病的宿主。竹节菜肆意生长，数量不受控制地扩大，加之新的少耕作或无除草剂农业系统的出现，都大大增加了热带地区蕉农的问题。

除草剂抗性问题已成为农田中与鸭跖草属植物有关的一个重要的新问题。长期以来，除草剂能够杀死杂草，但不影响抗性作物，成为农业中除草的有效控制措施。然而，直到今天，有 266 种会开花的杂草已经进化出除草剂抗性。它们不是对农民使用的 1 种除草剂产生抗性，而是对 164 种除草剂产生抗性。这其中就有一些是鸭跖草属植物。当然，并不是所有的鸭跖草属植物都是有害的入侵植物，许多鸭跖草属植物本来是本地植物，但入侵者正在快速蔓延，这是因为引进了种植抗除草剂作物的少耕作系统。这些作物是经过了基因改造的抗草甘膦作物。这似乎是很理想的，一种可以抵抗强效除草剂损害的作物，可以帮助减少化学药剂的喷洒，从而减少对环境的破坏。但进化是真实存在的，有些杂草能卷土重来。这种情况下，杂草和作物都不会受到除草剂的伤害。事实上，对于美国的鸭跖草来说，反复使用草甘膦似乎只是除掉了其他杂草，从而使它更加肆无忌惮。这些植物已经进化出对除草剂的适应性。这毫不意外！因为除草剂的应用对杂草种群造成了非常大的选择压力，导致适者生存，不适者被淘汰。这些入侵的鸭跖草属植物已经适应了许多种除草剂，问题不在于草甘膦，许多其他化学品和化学混合物对这些抗性强的植物影响都非常有限。

那么，如果除草剂不再能有效地控制入侵杂草——鸭跖草属植物，农民可以做什么呢？有人提议机械控制是唯一的出路，但这也有其问题。许多这类入侵物种很容易从断裂的茎上生根，即使是很小的茎也能再生形成新的植株，所以用镰刀或"锄草"只会使植物加速蔓延。除非地块很小，否则使用机械控制不可能把每一株都除掉。那些不显眼的地下闭花受精的花也能产生数百粒种子，不为人知。通过食草昆虫、真菌和细菌病原体开展的生物防治还没有成功，有人建议小农户采用更综合的控制方法：用有机肥料覆盖；也可以与甜瓜、红薯或豇豆等另一种耐阴作物混作，这些作物可以战胜侵略性植物鸭跖草。这些方法在小范围内前景不错。在世界上某些地方，被称为现代农业的有害杂草的鸭跖草，被人们作为叶菜食用，并作为牲畜的宝贵饲料。

实际上，人类不必大惊小怪，我们高强度地使用化学制品来控制植物蔓延，但它们反而蔓延在我们最想控制的地方。这就是自然选择的进化过程，只有那些幸存下来的个体才能代代相传。这也是我们地球上生物多样性产生的原因！如果这个过程并不总是遵循我们人类的规则或愿望，我们也不必惊讶。

所有鸭跖草属植物的花序都被保护性的苞片捧在掌心。每天开一朵花，只开几个小时。

铃蜡花属（达尔文木属）（*Darwinia*）

伊拉斯谟斯·达尔文（Erasmus Darwin）

科： 桃金娘科（Myrtaceae）
属下种数： 50~70
分布： 澳大利亚南部

你可能会认为任何以"Darwin"命名的植物都是为了纪念查尔斯·罗伯特·达尔文（Charles Robert Darwin），这样想也没错，因为他在 1858 年出版的开创性著作《物种起源》（*On the Origin of Species*），真正改变了我们思考世界的方式以及我们在世界上的地位。但事实上，这个美丽的澳大利亚灌木属植物是以查尔斯的祖父伊拉斯谟斯（Erasmus）命名的。他是一名英国医生，是"中部启蒙运动"的关键人物之一。爱德华·拉奇（Edward Rudge）将这种植物献给了"已故的伊拉斯谟斯·达尔文，利奇菲尔德（Litchfield）的医生，他是《植物园》（*Botanic Garden*）和《动物法则》（*Zoonomia*）的作者，也是林奈的《植物系统》译本的译者。"拉奇也是来自中部地区的知识阶层。他在伊夫舍姆拥有一座庄园，并于 1829 年被任命为伍斯特郡的郡长。拉奇和老达尔文大概率是通过学术团体，如林奈学会和皇家学会而结识的。

即使对于当时博学多才的人来说，伊拉斯谟斯·达尔文也是 18 世纪的一个传奇人物。他在剑桥学过古典文学，在爱丁堡学过医学，后来，他在英国中部伯明翰以北的利奇菲尔德行医。这是他的主要收入来源，但他的兴趣却非常广泛。他是月光社（Lunar Society）的创办者之一。月光社是一个由科学家和哲学家组成的团体，每月都在满月之夜举行聚会，据说这样成员就可以安全地走回家。参加月光社的有科学界和工程界的知名人士：如蒸汽机的发明者詹姆斯·瓦特（James Watt）、他的商业伙伴马修·博尔顿（Matthew Boulton）、阐明氧气性质的约瑟夫·普里斯特利（Joseph Priestley）和英国瓷器之父乔赛亚·韦奇伍德（Josiah Wedgwood）。甚至在18世纪中期，本杰明·富兰克林（Benjamin Franklin）也曾拜访过这个团体，并与其中的一些成员一起进行了电学实验。当时所有人都认为月光社的作用远远不是聚集一群谈论科学的地方性的朋友，它是发明和创造的温床。

作为一名乡村医生，老达尔文的工作很繁重，需要来回奔波于很远的地方。他的病人有富人也有穷人，他向富人收费，对穷人则免费治疗。18世纪的医疗是相当残酷的，治疗方法往往和疾病本身一样糟糕，需要多次问诊和不断试错。与他的朋友乔赛

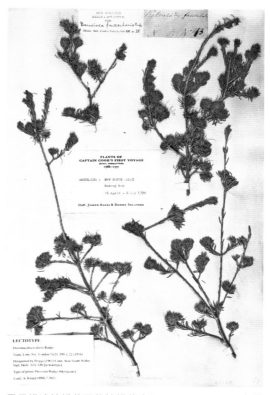

用于描述铃蜡花属的铃蜡花（*Darwinia fascicularis*）的原始标本。1770年4月至5月，由约瑟夫·班克斯和丹尼尔·索兰德在澳大利亚植物学湾附近采集。

亚·韦奇伍德一样，达尔文也是一位热心的废奴主义者，认为奴役人类是一种可憎的行为。同时，他又帮助和支持制造业的工业机械化，机械化导致许多英国工人失业陷入赤贫。前后两种观点似截然对立。

与月光社的其他人一样，老达尔文也是一位多产的发明家和工程师。他对运河建设和航运感兴趣，并深入参与了利奇菲尔德和特伦特河附近运河体系的设计和建设。他的发明范围广泛，从车辆设计（他试图减轻他在医疗巡诊时舟车劳顿带来的不适，从而设计了现在的汽车转向装置），到模仿人声的说话机器，再到自动抄写信件的巧妙机械装置，以及原始的空调，所有这些都在他的摘录本中一丝不苟地记录下来，并附有图纸和评价。在那个时代，除了工程学之外，他还痴迷于化学，并在晚年研究出了光合作

弗雷德里克·波利多尔·诺德尔（Frederick Polydore Nodder）完成了由"奋进"号上艺术家悉尼·帕金森（Sydney Parkinson）开始的绘画。植物由班克斯和索兰德采集。帕金森死于航行途中，只完成了铃蜡花属植物最初的草图。

用的原理，即植物在阳光的照射下将二氧化碳（他称之为石炭酸）和水转化为氧气。在他的最后一本书《植物学》（*Phytologia*）中，他还明确阐述了植物养分的原理，指出氮、磷和钙对植物生长至关重要。

伊拉斯谟斯·达尔文的职业和他对自然界的兴趣，让他一生都钟爱生活。以花的雌雄部分（雌雄蕊）的数量为基础，瑞典植物学家卡尔·林奈创造了一个对植物进行分类的新系统，这彻底改变并震惊了植物学界。在他对这个"性系统"的介绍中，他把花比作婚床，有不同数量的新娘和新郎。你可以想象，这对一些人来说太过分了。他的一位同时代人将其比作"可恶的乱性"。林奈的思想在英国植物学界开始流行。老达尔文在利奇菲尔德成立了"植物学协会"，以翻译和传播林奈的植物学知识为目的。该协会实际上的成员只有老达尔文本人、语言学家

伊拉斯谟斯·达尔文（1731—1802），是一位为当地献身的传奇人物。他婉拒了乔治三世把他留在英格兰中部当他的私人医生的邀请。

布鲁克·布斯比爵士和利奇菲尔德大教堂的教士约翰·杰克逊，他们翻译了林奈的两部作品，并将其作为《植物系统》（*A System of Vegetables*，译自 *Systema Vegetabilium*）和《植物科志》（*The Families of Plants*，译自 *Genera Plantarum*）出版。我们今天使用的许多英语的通用名称就出自这两部著作。虽然是英文版，不懂拉丁文的人也能看，但这些书还是相当复杂难懂，坦率地说有点乏味。

通过他写的一首植物学诗《植物的爱情》（*The Loves of the Plants*），老达尔文进一步将林奈学派的思想带给更多的英文读者。这首诗作为他的巨作《植物园》（*The Botanic Garden*）的第一篇章，他希望通过"科学的想象"使读者对植物学这门"有趣的科学"感兴趣。1787 年，老达尔文首次匿名出版自己的作品，后来，在 1789 年，他正式署名出版。他向读者介绍林奈性系统的 24 个等级，它们都是基于花中雄性（雄蕊）和雌性（雌蕊）部分的数量来划分的。这本书充满了性暗示，其模仿史诗的风格与当时的

诗歌相呼应。他将植物拟人化，创作出字母画，然后用大量的脚注来解释到底发生了什么。在描述染料木具有十个雄蕊和一个雌蕊的花时写道：

> "在桃金娘的树荫下，染料木（GENISTA）盛开甜美的花；
> 十个深情的兄弟正向一个傲慢的少女求婚呢。"

整首诗的脚注很长，很有说明性，不仅揭示了老达尔文对他人知识的深刻理解，而且说明他对植物本身及其生态环境有深刻的认识。在整首诗中，他假定读者了解古典文学和当时的新闻动态——其中的关联性足以让人大吃一惊。蓟的冠毛被比喻为蒙戈尔菲耶兄弟的热气球，而"在看不见的地方穿着臃肿的裤子"的形象，说明了过度饮用葡萄酒（葡萄的产物）的危险。老达尔文的诗句是许多浪漫主义诗人的灵感来源。虽然华兹华斯、雪莱、柯勒律治和济慈后来嘲笑他的诗歌风格，但是在他们的作品中都可以见到他诗句的影子。

我想知道他如何用诗歌描述铃蜡花属植物？它的花序中每一朵花都有一个雌蕊、十个雄蕊和十个退化雄蕊（不育花药，没有花粉，被林奈和老达尔文称为"太监"！）。铃蜡花属花朵的花柱很长，随着花朵开放而伸长，在伸长时穿过雄蕊上的花粉。可以想象，这会产生什么样的诗句！林奈从未见过澳大利亚的植物，但老达尔文可能见过，因为他认识约瑟夫·班克斯（Joseph Banks）。拉奇用他的标本来描述铃蜡花属，但拉奇和老达尔文都没有见过活体铃蜡花属植物。

因为花序周围长着大量色彩鲜艳、形状扩大的叶状苞片，铃蜡花属植物有一个俗名叫作"山铃"或"铃铛"。该属只生长在澳大利亚，虽然乍一看，它长得并不像桉树和澳洲红千层，但实际上与它们有一定的亲缘关系。大多数物种生长在西澳大利亚，目前，那里仍有新物种亟待被发现，其中大部分物种都非常稀少并濒临灭绝。它们生长在非常特殊的栖息地的极小区域，不仅受到人类景观改造的威胁，而且会受到气候变化的影响。

铃蜡花属不同种群间在澳大利亚东部（班克斯和索兰德第一次遇到这些植物的地方）和西部较干燥的栖息地会相互杂交。杂交，即两个不同物种之间交配或结合并形成可繁殖的后代。不过，一些人认为所有生物都是由造物主放在地球上的，并从那时起就没有改变过。让他们理解杂交就比较困难。但杂交显然发生在野外和温室中，不仅可能产生不育的"骡子"，也会选育出可育的植物。

那么，在自然界中，为什么仍然存在不同的、可区别的物种呢？为什么它们不都融合在一起呢？多年来，许多进化生物学家一直在思考这个问题，包括伊拉斯谟斯的孙子查尔

这种杉叶铃蜡花（*Darwinia taxifolia*）的花序由几朵聚集在一起的花组成，四周围绕着颜色鲜艳的苞片，看起来像一朵花。

斯·达尔文。伊拉斯谟斯本人也看到了生命的相互关系。在他伟大的作品《动物法则》（或称《生命法则》）（*The Laws of Organic Life*）中，他明确阐述了所有生物的共性，并得出结论：

> "是否可以大胆地想象，……所有的恒温动物都是由一个有生命的细丝产生的……因此……在它的后代中一代一代地传承这些变化，永无止境！"

他并没有提出一个问题，而是断言所有动物具有同一个祖先，并以此类推到所有生命。在某种程度上他甚至可以说："去吧，骄傲的推理者，把虫子称为你的姐妹！"他的孙子则阐明了变化发生的机制——自然选择。即使它们可以杂交，至少在某种程度上，自然选择使自然界存在可以区分的物种。事实上，一些杂交可以帮助不同物种之间交换优势基因。

一些铃蜡花属植物对环境的需求非常苛刻，以至于被限制在一个小区域，成为单一种群。这些物种正面临着灭绝的危险。正如自然选择参与了物种的起源，它也参与了物种的最终消亡。人类的不断扩张改变了它们早在人类出现之前就已经生存着的环境，这也会加速其灭亡的脚步。

片麸菊属（*Eastwoodia*）

爱丽丝·伊斯特伍德（Alice Eastwood）

科： 菊科（Compositae）
属下种数： 1
分布： 美国加州

汤曾德·史 S. 布兰德吉（Townshend S. Brandegee）在敬献片麸菊属（*Eastwoodia*）及单属种植物片麸菊（*Eastwoodia elegans*）时，他简简单单地说："这是为纪念加州科学院（California Academy of Sciences）标本馆馆长爱丽丝·伊斯特伍德（Alice Eastwood）女士而命名的。"当时，他并不会知道爱丽丝·伊斯特伍德在发现和了解加州植物方面扮演着重要角色。

1894 年，当第一次描述片麸菊属时，爱丽丝·伊斯特伍德刚刚从科罗拉多州转到加州科学院。布兰德吉夫妇（汤曾德和他同为植物学家的妻子凯瑟琳）说服了她来旧金山加入他们的团队。几年前，她在一次野外考察行程中拜访过他们，他们对她的植物学知识印象深刻。在接下来的 55 年里，她一直待在旧金山的学院里，把标本馆建成一个加州植物的顶级收藏馆，并且扩建了两次。伊斯特伍德是一位自学成才的植物学家。她从十几岁起就住在科罗拉多州，代替早逝的母亲打几份工以维持家庭生计。尽管生活困难，但她还是以班级毕业生代表的身份毕业了。去科罗拉多州山区的旅行让她发现了野外考察的乐趣。由于生活所迫，她在原来的中学找了一份教师的工作。她节衣缩食，为了夏天去落基山脉野外考察筹集资金。她通常独自一人骑马出行。她是在野外考察中骑马的第一人，并且她是直接骑在马背上，没用马鞍，这在当时很少见。她有很多冒险经历。她攀登格雷峰（4 350 米）时迷了路，钱也被偷了，但她镇定自若："事实上，我更在乎我的植物，而不是我的钱。"

1887 年，当著名的英国博物学家阿尔弗雷德·拉塞尔·华莱士（Alfred Russel Wallace）在美国巡回演讲经过科罗拉多州时，除了年轻的爱丽丝·伊斯特伍德，没有谁更合适陪伴他登上格雷峰顶峰了！尽管两人相差 40 岁，但完成科罗拉多州美丽的高山植物群考察后，他们很快成了朋友。后来，伊斯特伍德去英国考察时还专程拜访了华莱士和他的家人。

到 19 世纪的最后十年，布兰德吉夫妇说服伊斯特伍德搬到了加州。在那里，凯瑟琳把自己的薪水分给伊斯特伍德，并和她一起担任加州科学院标本馆的联合馆长。1893 年，布兰德吉夫妇搬到了圣地亚哥，并带走了他们的私人书籍和标本。伊斯特伍德成为唯一的馆长。她后来的工作主要致力于照顾留下的标本。不仅如此，她还补充了很多她私人的标本。她独自或与感兴趣的同事一起，不辞辛苦地在加州各地采集植物。她在植物方面的知识在男性主导的美国植物学界受到了尊重。她与当时美国植物学的元老、哈佛大学的阿萨·格雷（Asa Gray）交换过重复的标本，其中有一份是她于 1893 年 5 月 10 日在阿尔卡尔德镇（Alcalde）附近采集的标本，就是后来以她名字命名的片麸菊（*Eastwoodia elegans*）。

伊斯特伍德不按常理出牌，她决定将模式标本（用作描述新物种或新属的标本）与科学院植物标本室的其他标本分开保存。而现在仍然在许多标本馆中采用的常规做法，是将这些珍贵的模式标本与同一分类单元的

爱丽丝·伊斯特伍德（1851—1953）出生于加拿大，但她一生致力于研究和保护美国加州的植物；她不知疲倦地为保护具有特殊植物学价值的地区而奋斗。

其他标本放在一起，以便对比和核对。事实证明，伊斯特伍德的做法是正确的。

1906年4月18日凌晨，整个旧金山都被7.9级地震的隆隆声和摇晃惊醒。新建的学院大楼处于一片废墟之中，收藏的标本不仅面临着大楼倒塌的风险，而且还面临着肆虐全城的大火。被地震惊醒后，伊斯特伍德顾不上自己的家和财产，匆忙赶到了学院。在那里，她发现根本无法到达六楼的植物标本室。她借助铁栏杆登上倒塌的大理石楼梯，来到存放模式标本的柜子前，并利用绳索和滑轮系统将一箱箱珍贵的植物标本送到地面，她的同事们将模式标本装入一辆小车中，在接下来的时间里，这1 500件珍贵的标本被运送到城市各地，躲过了地震后在整个地区出现的大火。伊斯特伍德写道："没人知道哪里安全，因为似乎整个城市都岌岌可危……"其他馆长也保存了部分标本和档案，但最终，学院的大部分标本都被摧毁了。伊斯特伍德唯一没有被摧毁的个人物品是她的镜头——植物学家不可缺少的伙伴。地震发生三周后伊斯特伍德写道：

这是伊斯特伍德于1913年在马里科帕山采集的一张片麸菊（*Eastwoodia elegans*）植物标本。是她在1906年地震后，重建加州科学院时采集的一部分。

"我不觉得这是我个人的损失，这是整个科学界的巨大损失，也是加州不可弥补的损失。我对自己被毁掉的工作并不感到悲哀，因为在我从事这项工作时很快乐，我可以在重新开始时拥有同样的快乐。……我所有的照片、书籍，还有许多我视为珍宝的物品都不见了，但我不后悔，因为我仍有好多朋友，东西似乎并不重要了。……我计划尽可能多地重新去那些地方再次采集。我估计学院目前能给我的帮助并不多，但我自己有一点收入，我确信可以过得去。"

在接下来的六年里，伊斯特伍德前往美国东部和欧洲访问植物标本馆，她的所有费用都来自她自己在科罗拉多州出租房产的微薄收入。加州科学院没有资金来重建，所以她自己着手重新采集那些失去的植物。她试图在史密森尼博物馆找工作，但令人震惊的是，因为她出生在加拿大，英国公民身份使她未被聘用。她立即着手补救，但直到1918年才被授予美国公民身份。在欧洲，她参观了剑桥、伦敦和巴黎的标本，研究了早期航行者在美国西部采集的标本，并开始对加州的植物进行植物学处理。她在这些行程中建立的友谊是终生的。无论走到哪里，她对科学的奉献以及她知识的深度和广度都受到尊重。

从欧洲回来后，旧金山的学院董事会邀请她重新加入团队，并提供了一些资金开始装备标本馆。学院本身是在临时场地，但已决定在金门公园的场址上重建标本馆，并在科学中心周围种植来自世界各地的植物。在穿越美国的最后一站，德国植物学家阿道夫·恩格勒（Adolf Engler）与其他欧洲植物和生态学爱好者来到了加州，目的是了解美国的景观。正是她与恩格勒的谈话，激发了她创建植物园的热情。

1914年夏天，她到育空地区进行了一次长途采集，为阿诺德植物园（Arnold Arboretum）的查尔斯·斯普拉格·萨金特（Charles Sprague Sargent）采集北极柳。因为其中有一些标本也是为渥太华的加拿大政府植物标本馆采集的，她成功避免了许多袋标本的关税。回到旧金山后，她发现学院的新大楼没有为植物学部门预留空间，但她很快就以一贯的直率和果断将问题解决。之后继续在加州各地进行采集，并帮助植物爱好者（包括专业的和业余的）利用花园栽种加州植物，促进对这些植物的爱好。在采集过程中，她与约翰·托马斯·豪厄尔（John Thomas Howell）密切合作，只要她自己去不了的地方，豪厄尔就会开车带她去。与豪厄尔一起时，她在汽车附近采集，而他则在更远的地方采集。她在给朋友的信中写道："我

片麸菊（*Eastwoodia elegans*）的头状花序仅由管状花组成，和完全由舌状花组成的蒲公英不同。

徒步采集的日子已经过去了。通过汽车，再加上自己的双腿，效率大大提高。"但是，早期她在马背上的那种坚韧不拔的精神从未消失。在伊斯特伍德90多岁的时候，她仍奔走在采集标本的路上。到生命的最后阶段，她总共为学院的标本馆增加了近35万份标本。她把标本看得比生命还重要，她说"孩子……对我来说比生命还要珍贵。"她从头开始重建了这些标本。对于了解丰富多样的加州植物，这些标本至今仍然至关重要。

加州的植物物种丰富，有大量的特有物种。加州和邻近地区也被合称为加州植物区系（California Floristic Province），长期以来一直被认为是北美生物多样性的热点之一。在那里已知的5 000多个被子植物中，大约有40%是特有的。该地区幅员辽阔、地形多样，形成了这种格局。有人认为，形成这种巨大多样性的原因是物种的低灭绝率，而不是高形成率。在干旱的生境中，当地分化出了多样的植物单系，成为加州特有景观的一部分。其中包括菊科植物，片麸菊属就是其中之一。片麸菊属是菊科紫菀族（紫菀和它们的近亲）中一个庞大且极其多样化的北美分支的一员。

菊科植物的名字来自花一样的花序，以菊花或蒲公英的花为例，看起来似乎是一朵花，实际上它是由许多紧密排列的小花组成。菊科植物，植物学家亲切地称之为"comps"，它们的花有的只有舌状花——蒲公英花序上的黄色带状结构；有的只有管状花——花序上的小管状结构；还有的两者都有，比如雏菊。菊科（Compositae，Asteraceae）与兰科（Orchidaceae）同为被子植物中最大的类群。而哪个物种更多，取决于你和谁交流这个问题。总的说来，这些植物大约有 32 000 种，几乎占被子植物多样性的 10%，确实是植物学研究的一个不小的挑战。在北美西部地区丰富的菊科植物基础上，他们搭建了一个模型系统，用菊科植物来研究系统发育（进化关系）、土壤地球化学和地形在生物多样化过程中所起的作用。

爱丽丝·伊斯特伍德非常有名，因为她乐于把同事之名赋予植物。她看到这个单种属经受住了许多不同类型数据的考验，至今仍被接受，可能会非常高兴。片麸菊属与在美国西南部干旱地区分布的物种丰富的兔刷菊属（*Chrysothamnus*）关系密切，但它与它们在形态学和 DNA 序列上都有足够的区别，可以被认为是进化的一个独特分支。

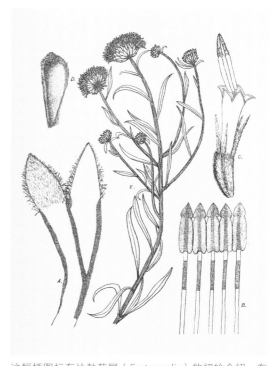

这幅插图标有片麸菊属（*Eastwoodia*）的初始介绍。在传统的植物学插图中，会有花朵部分（像雄蕊和花瓣）的细节特写。

这样一种与众不同的植物以伊斯特伍德命名是非常恰当的，因为她本人就是与众不同的。她是唯一一位在《美国科学家名人录》中被评为"杰出成就"的女性，她是 1950 年在瑞典乌普萨拉举行的国际植物学大会的名誉主席——这是欧洲同行授予她的荣誉，以表彰她一生在植物学方面的卓越成就。她的个性也很鲜明。她的亲密同事和学院标本馆馆长的继任者约翰·托马斯·豪厄尔这样评价她："她的急躁像她的善良和慷慨一样强烈，不管谁遇到这种急躁的力量和痛苦，都会害怕的。"爱丽丝·伊斯特伍德是一位非凡的女性，在一个职业女性并不普遍的年代，她是不屈不挠的代表。据说，94 岁的她躺在病床上，对她的朋友们说："我当然会好起来，我一直是个健康的人。"

崖丽花属（*Esterhuysenia*）

埃尔茜·埃斯特胡伊森（Elsie Esterhuysen）

科： 番杏科（Aizoaceae）
属下种数： 6~7
分布： 南非

　　如果让我们思考，哪个地区的植物多样性最丰富，第一个浮现在我们脑海中的，很可能是亚马孙盆地及其茂盛的热带雨林。但实际上，非洲最南端才是世界上物种最丰富的陆生植物的家园。那里的开普植物区（The Cape Floristic Region）面积虽不大，却拥有丰富的植物多样性，其中大部分都是当地特有物种，这使该地区成为地球上生物多样性热点之一。这种多样性主要存在于被称为梵波斯（fynbos）的植被类型中，它在南非开普西部地区占主导地位。Fynbos 来自荷兰语"fijnbosch"，意思是"优质的灌木"或木柴，它不是指来自树木的木柴，而是来自一种低矮的灌木状植被，根据土壤类型、坡向和其他环境因素有许多变种。山龙眼（proteas）、欧石楠（ericas）和帚灯草（restios）的多样性中心都位于梵波斯，它们的品种之多令人叹为观止，引人注目。800 种欧石楠中约有 700 种只出现在开普植物区，三分之一的帚灯草科植物也只在该地区生长。一般认为，由洋流变化引起了气候变化，创造了较冷、较干旱的环境，从而引发了物种变化，才形成了这种丰富的多样性。但对物种丰富的开普植物区植物单系进行带时间的系统进化树分析表明：环境的复杂性和稳定的气候相结合才是形成这种高度多样性的主要原因。

　　开普植物区一直是许多植物学家研究的对象，一部分是因为它有极其丰富的生物多样性，另一部分是因为它正受到严重威胁。作为一种植被类型，梵波斯已被定性为极度濒危，主要是因为人口的不断增长和随之而来的农业用地侵占、入侵物种，还有气候变化。就像其他冬季降雨量大、夏季炎热干燥地区的植被一样，如加利福尼亚、澳大利亚西南部和欧洲的地中海地区，它们在以前火灾稳定的情况下进化成一类依赖火灾的植被，而气温的上升导致火灾更热、更频繁，从而破坏了植物原本的繁殖周期。

在所有不同类型的梵波斯植物中，有一类高山梵波斯植物因为生长在崎岖山脉的高海拔地段，所以比其他植物被研究得更少而独特。它们散布在大约 2 000 米（约 6 561 英尺）高的岛状山顶上，生长在土层薄、抗侵蚀、富含石英石的土壤和裸露岩石上。环境如此恶劣，它们依然坚守，而我们能做的就是保护好它们。此外，这些地区在冬季通常被白雪覆盖，因此，这里的生境比其他类型的梵波斯植物的生境要稍微湿润一些。因为它们极难接近，所以对这种类型的梵波斯植物研究不充分，也就不足为奇了。人们对高山梵波斯植物的了解大多来自一位勇敢无畏的女性，她就是被她

南非高山上，低营养的砂质石英岩土壤对植物来说是一个真正的挑战。但在奥勒芬兹山（Olifantsberg）上，高山崖丽花（*Esterhuysenia alpina*）却在别的植物失败的地方成功地存活下来。

的同事称为"传奇"的埃尔茜·伊丽莎白·埃斯特胡伊森（Elsie Elizabeth Esterhuysen）。她把自己的一生都献给了南非植物，尤其是高山植物的采集和记录。

埃尔茜·埃斯特胡伊森出生在一个与今天截然不同的南非。由于她是一名女性，正在进行考察的国家植物学研究调查队拒绝她的加入。正如她的一位同事所说："在那些日子里，在南非丛林的偏远地区，一个女性根本不可能从事植物学调查工作！"毫无疑问，后来她证明了那些官僚们是错的。20世纪30年代末，她开始与开普敦的博勒斯标本馆（Bolus Herbarium）建立了长期的合作关系。当时标本馆的管理者是路易莎·博勒斯（Louisa Bolus），另一位杰出的南非女植物学家，至今为止，她仍保持着描述植物物种最多的女性记录！在标本馆工作的前18年，埃尔茜都没有固定工资，只能以零用钱的名义拿到报酬。经过馆长与大学管理部门的长期斗争，最终在1956年，她好不容易获得了一个永久职位。正是路易莎·博勒斯认为埃尔茜在海克斯山脉采集的植物与其他植物不同，并将该属命名为崖丽花属（*esterhuysenia*）。她在最初的描述中引用的两份标本也都是埃尔茜采的。

在整个职业生涯中，埃尔茜·埃斯特胡伊森共收集了近40 000份标本。考虑到她采集工作的难度，这是一个巨大的数字。她是开普植物区最多产的采集者，在南非整体排名前三，而这一切都离不开她的采集方式——徒步。她早期曾被鼓励学习开车，但当她在一个铁路道口被困后，她放弃了自驾，转而靠别人载她一程。因为她对登山感兴趣和熟练程度非常高，她加入了南非山地俱乐部，那里的同行们都很愿意帮助她，载她入山。她非常受登山界人士的尊敬，在晚年，她被当地的德拉肯斯堡俱乐部，其他分会评为"自由女性"。她在庆祝80岁生日时，与登山俱乐部其他成员一起攀登了塞德伯格荒野（Cederberg Wilderness）中的斯尼乌山（海拔约2 000米）。在多山的开普敦，她骑着自行车到处游玩。因此，她在山里徒步超越年轻大学生的能力是出了名的！

崖丽花属是埃尔茜在高山上收集的一个属，低矮的垫状灌木，生长在岩石缝中。博勒斯引用埃尔茜的一个标本采集笔记，上面写道："它生长在高原上大块岩石的缝隙和凹陷中……"崖丽花属是番杏科（Aizoaceae）的成员。番杏科植物是多肉植物，花朵艳丽，它的多样性中心也位于开普植物区。该科在被称为"多肉卡鲁"（Succulent Karoo）的栖息地中多样性最丰富，这是世界上另一个生物多样性热点地区。但它们在梵波斯的多样性也很显著，特别是在高海拔地区。

崖丽花属的花和其科中其他成员一样，几乎像菊花一样美丽，有许多狭长的"花瓣"围着中间一把黄色的花药。但是实际上，这些根本不是花瓣。在雏菊属中，每个带状的"花瓣"都是一朵独立的小花；而在崖丽花属中，花中狭长的结构来自不育的雄蕊（退化雄蕊），因此它被称为"花瓣状"更合适，意思是类似花瓣的。不过它们的功能与花瓣相同，都能以其明亮的颜色吸引潜在的授粉者来访花。正是崖丽花属这种花的明亮的粉红色，更普遍地揭示了番杏科的进化关系。这种令人震惊的粉红色是因为甜菜素在起作用，而不是来自常见的化合物花青素。而甜菜素又存在于大多数石竹目（见叶子花属）植物中。你可以想想甜菜，再想想红萝卜就会知道崖丽花属花的颜色来源于什么。

番杏科一个典型特征是具有肉质、多汁的叶，崖丽花属当然也有。这一特点往往使番杏科成为珍贵的多肉花园植物，如生石花属植物（Lithops），其圆柱形的肉质叶和它们生长环境中的石头超级像，简直一模一样。虽然我们不知道崖丽花属采用哪种类型的光合作用，但许多多肉植物，包括许多番杏科植物，采用一种特殊的光合作用形式，叫作CAM（景天酸代谢）。它将光合作用的化学反应隔开：在白天有失水风险时，叶子表面上吸收气体和流失水分

把自然当作家。埃尔茜·埃斯特胡伊森（1912—2006），对南非高山植物如数家珍，是一个真正的植物标本采集者。

这一堆鞘叶崖丽花（*Esterhuysenia inclaudens*）在它的根部可以吸收到水的地方生长，还开着亮粉色的花，足以吸引任何路过的授粉者。

的小孔（气孔）关闭；在夜间，气孔打开，吸收二氧化碳，随后转化为糖类，为植物生长提供动力，所以不会造成白天高温下的水分流失。在 CAM 光合作用中，夜间，通过气孔吸收的二氧化碳被转化为苹果酸，储存在液泡中——细胞中的泡状空间。在黑暗的几个小时里，苹果酸被运送到叶绿体，一旦太阳出来，就重新转化为二氧化碳，用于光合作用。这种特殊形式的光合作用使植物能够在缺水的环境中节约水分。尽管高山梵波斯植物栖息地比更多低地梵波斯植物的更潮湿，但它们的土壤非常稀薄，岩石和沙砾较多，水肯定是一个限制因素。

把多肉植物做成标本是很糟糕的，那些具有漂亮、肉质、三维叶子的活体植物会干燥成干瘪的小树枝。因此，通过包含活体植物的野外记录（估计是埃斯特胡伊森在野外写的），路易莎·博勒斯使崖丽花属的初始描述更加详细，对那些在自然栖息地观察植物的人更加有用。在这个初始描述中，没有提到属名的由来，也没有提到埃尔茜·埃斯特胡伊森对开普植物区知识的卓越贡献。也许这只是人们的理解，也许是由于路易莎·博勒斯和埃尔茜·埃斯特胡伊森在同一个单位共事多年，这是埃尔茜对自己成就的一种特别谦虚的表达。她最喜欢的一句话显然是"我只是在填补空白"。埃斯特胡伊森很少发表她发现和采集的任何新物种，她把这些留给其他人——她所认为的"学者"。她在南非植物学家中非常出名，因为只要有学生或其他任何人寻求有关该地区植物的信息时，她都乐于帮忙。她有点过分慷慨，甚至会把她认为是描述新物种的绝妙机会留给别人在学术文献中开展。也许她更喜欢野外工作和植物本身，而不是与审稿人争论和撰写结果。尽管在植物标本馆与她一起工作的同事，和以了解植物的目的拜访她的那些人，强烈地感受到了她的影响力，但她的工作在学术界并没有得到广泛的认可。然而，在1989年，她被开普敦大学授予荣誉学位。她接受了，尽管有一些保留和典型的自嘲。

"……在我看来，我的工作并不值得授予荣誉学位。我希望理事会没有被误导，认为发现未被描述的物种是一项伟大的成就，因为它不是。"

当然，他们没有被误导！她不仅仅是发现了那些未被描述的物种。

埃尔茜·埃斯特胡伊森是一位真正的野外植物学家，她在野外采集时靠几样蔬菜和一些奶粉度过数日，甚至拒绝使用气垫床，只睡在一堆禾草或帚灯草上。她教给那些受她影响的人的不仅仅是植物的名字，还有她对自然、野外空间和植物本身的热爱，她向他们展示了如何"把自然当作家"。这种对植物本身持续不断的奉献精神弥足珍贵，在现代学术界的压力下难以寻觅。埃尔茜会再次回到她曾经遇到新奇植物的地方，去采集可能有助于鉴定的果实。这代表她的采集不仅仅是数字，而是一种价值。正如她所说的，这是在"填补空白"。在授予她荣誉学位的演讲中，她被比喻为植物猎人。"像猎人一样，她与自然完美和谐，从不浪费，从不过量采集，从不破坏或污染环境。"这种与自然的和谐相处是我们每一个人都应该追求的。

细叶崖丽花（*Esterhuysenia stokoei*）最初被路易莎·博勒斯描述为一种松叶菊。这幅画保存在南非开普敦博勒斯植物标本馆中，彩铅细腻地刻画出了肉质叶子和果实的细节。

洋木荷属（洋大头茶属）（*Franklinia*）

本杰明·富兰克林（Benjamin Franklin）

科： 山茶科（Theaceae）
属下种数： 1
分布： 美国佐治亚州，野外灭绝

　　本杰明·富兰克林（Benjamin Franklin），这位美国开国元勋中伟大的博学之士，可能更希望以他名字命名的植物是有用的，或者是常见的，当然，他也有可能对冠他之名的植物感到高兴。

　　1706 年，本杰明·富兰克林出生于美国波士顿。他是蜡烛制造商和供应商的后代，在 17 个孩子中排行第 16，就是他，后来成了建立美国国家的领导者之一。1775 年，英国海军部第一部长对美国叛军的描述为："美国反叛者为'原始、散漫、胆小的人'，他们策划把美国殖民地从英国的统治下独立出来。"富兰克林正是反叛者中的科学家兼政治家。但是他的学识并不是在学校里获得的，他是最好的自学成才的典型。年轻时，富兰克林从波士顿搬到费城开始从事印刷行业。他曾多次被派往伦敦担任外交官，先是为国王乔治三世服务，后来是作为美国新州的代表。他建立了邮政服务，论述了引入纸币的必要性，参与过电力工作，主张废除奴隶制，并强烈地信奉人权。由于他是一位出色的外交家，他在美国独立战争期间也发挥了重要作用，与英国将军进行谈判。尤其是在 1776 年，作为斯塔滕岛（Staten Island）的三人组之一，他明确指出"踏出独立的这一步"是没有退路的，从而使英军指挥官豪勋爵的希望破灭。富兰克林是起草《独立宣言》的五人之一，另外四人分别是托马斯·杰斐逊、约翰·亚当斯、罗伯特·利文斯顿和罗杰·谢尔曼。后来他在制定《权利法案》中也发挥了重要作用，

威廉・巴特拉姆画的洋木荷（*Franklinia alatamaha*），他给它贴上了"一棵美丽的树"的标签，然后寄给英国植物学家，让他们相信它确实是新的、与众不同的。

这是美国独立的基础性文件。

也是在费城，富兰克林遇到了约翰·巴特拉姆（John Bartram）。他是一位贵格会植物学家，他对园艺和该地区植物的知识掌握是首屈一指的。两人都是1743年美国哲学学会（American Philosophical Society）的创始成员，该组织的成立是为了促进科学知识在新殖民地的应用。1776年后，这些知识也应用在了新成立的国家。约翰给富兰克林的信总是以"亲爱的朋友"开头，两人经常交换家庭趣事以及种子和植物。约翰是宾夕法尼亚州的一名农场主，他对该地区野生植物非常感兴趣，专门留出一部分土地用来种植采集的野生植物，从安大略省到佛罗里达州的广大区域都留下了他的采集足迹。他不仅在自己的花园里培育新的和有趣的北美植物，还向欧洲的植物学家寄送种子。他的小花园，可以说是北美的第一个植物园。

1734年至1766年，约翰·巴特拉姆至少进行了14次长途旅行，前往新英格兰（New England）各地，期间还有许多离家较近的短途旅行。然而，这也会带来很多问题。巴特拉姆在宾夕法尼亚州经营着一个农场，花园里还有很多有趣的植物需要养护，而且，他还活跃在费城的知识圈。幸运的是，巴特拉姆有好几个儿子，他们每个人都在帮忙经营家族企业。其中一个较大的儿子也叫约翰，负责管理农场，而第五个儿子威廉，人们亲切地叫他比利，和老约翰一起研究植物。

威廉14岁时随父亲到纽约州东南部的卡茨基尔山（Catskill Mountains），进行了一次长时间的采集旅行，从那以后，他对植物的兴趣一发不可收拾，采集和绘制多样性的植物成了他余生的追求，虽然他的父亲曾劝他从事贸易或其他更稳定的职业，但威廉没有找到一个"合适"的职业。他在约翰的第一次美国南部采集之行中是一个不可或缺的伙伴，为父亲在欧洲的顾客带回丰富的植物资源。

在父子俩的第一次美国南部之行中，他们从佐治亚州的大西洋海岸沿奥尔塔马霍河（Altamaha River）逆流而上，去寻找稀有的种子，寄往英国。在那里，他们发现了"几种非常奇特的灌木，其中一种结着漂亮的果实。"这其中就有洋木荷。1765 年 7 月至 1766 年 4 月，旅程中的约翰每天都做记录，威廉则对他们遇到的多样性植物进行速写和绘画。他们穿越北卡罗来纳州和南卡罗来纳州，进入佐治亚州和佛罗里达州，行程的一个目的是采集珍贵的植物，同时也为了建立英国对这些南部地区的统治。佛罗里达州东部的圣约翰河流域被绘成地图，将作为英国扩张的农业中心进行开发。约翰和威廉都出席了 1765 年的割让仪式，迫使克里克人将佛罗里达北部的大片土地割让给英国人。威廉尊重和重视美洲的原住民，他后来说："事实上，我们应该把他们当作我们的兄弟姐妹和同胞，并应该这样对待他们……"

本杰明·富兰克林（1706—1790），他不仅是美利坚合众国的国父和著名的学者，他还是一个真正的博物学家和园艺家。

威廉酷爱植物和绘画。毋庸置疑，他画得很棒！甚至他一向严厉的批评家父亲，也非常满意他的画作，经常把它们寄给他在欧洲的顾客，并说"植物和绘画是他最喜欢的，恐怕他很难再做其他事情。"1772 年，威廉给伦敦附近西汉姆的贵格会医生约翰·福瑟吉尔写信，他是巴特拉姆的赞助人之一。威廉在信中建议对北卡罗来纳州、南卡罗来纳州和佛罗里达州东南地区进行一次植物考察，目的是探索和采集新奇植物。真是有其父必有其子。

1773 年，威廉独自南下，抵达南卡罗来纳州的查尔斯顿。这次旅行，他将见证历史。他离开家时，家还属于一个殖民地，回来时，家已经属于一个新的国家。他一直向南，在佐治亚州的奥尔塔马霍河上，重新发现了那种"奇特的灌木"。大约在十年前，他和他的父亲就遇到了这种植物。这次他可能采集了种子，虽然记录略显模糊："后来，沿着奥尔塔马霍河，在

洋木荷的模式标本，它生长在费城，种子采集于现在的佐治亚州。该标本并没有真正展示出它的美。

同一地点，距离海岸只有'30英里（约48千米）'处，他又看到了这种植物。"威廉将该植物的画作（据说是他有史以来最好的画）寄给了福瑟吉尔，并在宾夕法尼亚州用他收集的种子培育出了洋木荷。1781年它首次开花，最终长到15米（40英尺）高。1783年，它被收录在巴特拉姆花园的植物名录中，标注为"奥尔塔马霍，最近来自佛罗里达的不知名灌木。"

这次旅行，威廉来到了密西西比河畔，并深入佛罗里达州。1777年，当他再回到宾夕法尼亚州时，殖民地已经从英国人手中独立，并正走在建国的道路上。经历了几年的艰辛又快乐的采集之旅归来后，发现自己是一个新国家的公民，这一定是非同寻常的。威廉的父亲约翰（在他回来后不久就去世了）与本杰明·富兰克林和托马斯·杰斐逊等巨匠合作，建立了以费城为中心的殖民地的高级生活圈。

1776年之后美国的核心目标是建立一个具有鲜明美国特色的科学观和世界观。而富兰克林则站在实现这一民族本质的最前沿。威廉·巴特拉姆也发挥了自己的作用。他写了一本关于在美国东南部旅行的书，书名很长，叫作《穿越南北卡罗来纳州、佐治亚州、东西佛罗里达州、切罗基县、穆斯科古尔格人或克里克联盟的广阔领土以及乔克托人的国家之旅》（*Travels through North & South Carolina，Georgia，East & West Florida，the Cherokee County，the extensive territories of the Muscogulges，or Creek confederacy，also the country of the Choctaws*）。该书于1791年出版，其中包括对这些地区的土壤和特产的介绍，以及对印第安人习俗的记录。这本书不仅仅是对日常见闻和旅行的简单叙述，它是最早的博物书籍之一，介绍了美洲的

现在所有的洋木荷栽培株，都是费城巴特拉姆植物园里由种子长成的原始树木的后代，野外已灭绝。

动植物虽不同于欧洲，但在多样性和独特性方面即使没有超过欧洲，也是旗鼓相当。威廉用诗意的语言描述风景、人物和植物，这反映了他与自然的亲密关系。在书中，他肯定了美国的自然之美，表达了他对原住民的钦佩和对环境的关心。他的散文影响了威廉·沃兹沃斯和塞缪尔·泰勒·柯勒律治等浪漫主义诗人。他把美国自然看作崇高的统一体，对拒绝接受大自然是理性的和最终是可以理解的观点的人来说，这应该是一种启发。

最初，威廉认为他在奥尔塔马霍河上发现的可爱植物是大头茶属（*Gordonia*）的一员，但他后来确信它不是大头茶属，并把它的名字定为洋大头茶（*Franklinia alatamaha*），以纪念他父亲的朋友本杰明·富兰克林和发现它的河流的美国当地名称。尽管美洲当地的植物学家确实可以获得一些文献，但是他们没有参考它们并与新的发现作对比。因此，威廉将画稿寄给了几位欧洲植物学家，试图说服他们接受他的植物作为一个独立的属。1785 年，洋木荷属这个名字由巴特拉姆（Bartram）的表弟汉弗莱·马歇尔

（Humphry Marshall）发表，但约瑟夫·班克斯爵士等欧洲植物学家坚持认为它只是大头茶属的一个种。两个属是否不同，取决于对性状分布、植株形态、叶片、花和果的差异的比较和判断。班克斯显然认为洋木荷属和大头茶属太像了，因此不应该再另立他属。而马歇尔和其他人则认为它们是不同的。

巴特拉姆花园的现任馆长乔尔·弗莱（Joel Fry）认为，班克斯对洋木荷属的独特性作出的反应明显缺乏植物学分析，其目的很可能是"加强欧洲在植物学命名上的优势"。可能是为时过早，美国独立战争还未真正成功，他无法接受一个纪念这场斗争之父的名字。但无论是否涉及政治，马歇尔和巴特拉姆对洋木荷属的独特性都有着自己科学的假设，这与班克斯和其他英国植物学家的观点不同。这一切都只关乎证据。

今天，植物学家们利用形态学和 DNA 序列测序的大量证据，证明洋木荷属与它的近亲大头茶属是不同的。两者都来自美国东南部，与亚洲东部的木荷属（Schima）关系密切。在美国东南部和亚洲东部之间，被子植物中这些亲缘关系很常见，这本身就是我们地球运动的证据。两位巴特拉姆都发现了这种植物，威廉培育了它，并起了洋木荷属这个名字，但他所做的远远不止这些。他采集的种子，生长在新成立的美国宾夕法尼亚州的花园里，这是这种植物的唯一栽培来源。在野外，洋木荷只分布在佐治亚州沿海的一小块土地上，而它最后一次在野外被发现定格在 19 世纪。

美国独立后，本杰明·富兰克林担任驻法大使，通过法国，他帮助重建了美国与欧洲的植物贸易。我们不知道他是否对洋木荷属感到满意，也不知道在 18 世纪后期，他作为驻法大使和担任宾夕法尼亚州州长期间，是否讨论过这种独特的美国植物的名字。但我认为，他一定会很高兴有一棵非常特别、非常美丽的美国植物以他的名字命名，尤其是这棵植物是由一位挚友发现，并由一位坚定捍卫美国科学的崛起和独立之人描述。虽然玫瑰是美国的国花，但洋木荷的故事讲述了一种植物如何帮忙塑造了一个国家。

廊盖蕨属（*Gaga*）

雷迪嘎嘎（Lady Gaga）

科： 凤尾蕨科（Pteridaceae）
属下种数： 18
分布： 美国西南部至玻利维亚

　　植物分类学家，那些为植物命名的人，常常被刻画成枯燥乏味的人。他们蹲在角落里，周围是尘封的拉丁文书和堆积在纸上的干燥植物。还有一个前提条件是缺乏幽默感，或与流行文化没有任何交集。然而，事实并非如此！为植物命名可以让人们获得欢乐时光，有时还可以让他们展示科学和文化是紧密联系的，甚至是密不可分。

　　林奈可以接受以皇室成员的名字给植物命名，毕竟皇室成员通过资助植物园和其他科学机构支持植物学。但是，他写道："植物属名是为了延续圣人和在其他科学领域杰出人物的名字，它不应该被滥用……"在他的时代，这没什么问题。但是在今天，我们尊重和钦佩一个人，不是因为他的地位或身份，也不是因为他研究遗传学还是植物学，而是因为他的事迹和成就，这又如何是好？因为植物学家也是社会的一员，他们不能只是关注植物而漠视其他一切。今天，我们以各种事物为植物命名，其中包括我们崇拜的人，不管他们是不是植物学家或皇室成员。

　　在某种程度上，分类学家们还是比较拥护皇室成员。当他们以"流行音乐女王"Lady Gaga的名字给蕨类植物廊盖蕨属（Gaga）命名时，他们的解释如下：

　　　　"廊盖蕨属的命名是为了向美国流行歌手、作曲家和演员 Lady Gaga 致敬，因为她在当今社会不遗余力地捍卫平等和个人表达自

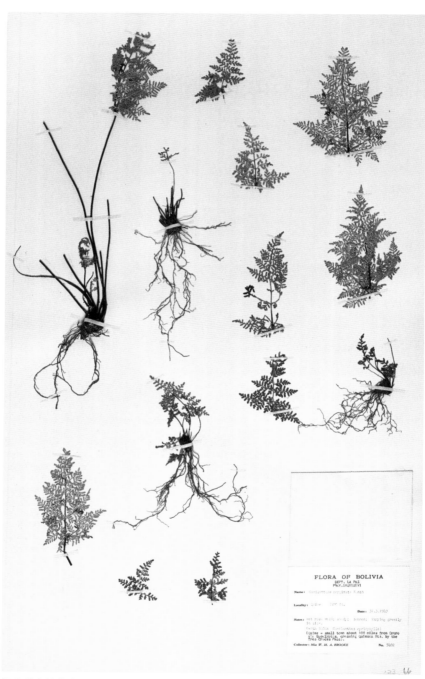

像这种廊盖蕨（*Gaga marginata*）一样，蕨类植物的标本需要整理好，方便大家观察植物全貌，包括叶背面。

由。由于雷迪嘎嘎（Lady Gaga）表达了人类需要庆祝物种（包括人类自身在内）之间的差异性，我们在此以她的名字为一种植物命名，以帮助理解在神秘的物种多样性表达模式下复杂的生物学斗争。由于公共资金可以支持基础研究，这一命名荣誉使我们能够认识到科学和公共利益之间是有交集的，使我们的研究成果更容易被理解，并吸引更多样的人资助我们工作。Gaga 这个名字也呼应了该属的一个分子共有衍征。在 matK 基因序列的 598～601 位上，所有的 Gaga 物种都有"GAGA"，这种基因序列在任何其他取样的碎米蕨类植物中都没有发现：[例如，在亲缘关系很近的盾旱蕨属植物连群盾旱蕨（*Aspidotis densa*）中是 GAGG，而在碎米蕨属植物小碎米蕨（*Cheilanthes micropteris*）中是 CAGG]。"

通过命名廊盖蕨属，这些蕨类分类学家不仅表达了他们对雷迪嘎嘎（Lady Gaga）和她的观点的钦佩，而且充分表明，科研成果不仅要分享给其他植物学家，更需要广而告之，公布于众。最后，他们还巧妙地用上了在新属所有物种的 DNA 中发现的碱基对序列。如果以前的植物学家们能够如此介绍他们为什么要把人名赋予属名，那该多有意思啊！

雷迪嘎嘎（Lady Gaga）以其富有想象力的服装和充满能量的舞台表演而闻名。雷迪嘎嘎（Lady Gaga）本名叫斯蒂芬妮·杰尔马诺塔（Stefani Germanotta），她的艺名取自由罗杰·泰勒创作、由摇滚传奇——皇后乐队演唱的经典歌曲《电台 Ga–Ga》（*Radio Ga-Ga*）。雷迪嘎嘎（Lady Gaga）的辉煌的演艺生涯和多才多艺的想象力影响了许多歌手和演员，她在电影

Lady Gaga（生于 1986 年）在 2010 年格莱美颁奖典礼上所穿的一套绿色心形服装，就像蕨类植物的配子体，但这并不是这个新属名的全部灵感。

和世界舞台上成为一颗耀眼的巨星。当被问到为什么不以一位植物学家的名字，而是以一位与植物学没有明显关系的流行巨星的名字，来命名一种我们在墨西哥发现的蕨类植物时，研究团队解释说："我们在做研究时听了雷迪嘎嘎（Lady Gaga）的音乐……我们认为她的第二张专辑《天生完美》（*Born This Way*，2011 年）振奋人心，给人一种力量，特别是对那些被剥夺权利的人和团体，比如 LGBT（性少数群体）、种族群体、妇女以及研究奇特蕨类植物的科学家！"雷迪嘎嘎（Lady Gaga）令人难忘的服装之一也激发了该团队的灵感。在 2010 年格莱美奖上，她的半透明的绿色心形服装很像一个巨大的蕨类植物配子体——它是蕨类植物生殖周期中一个重要的生命阶段。

我们知道被子植物会产生种子，而蕨类植物不会，它们的繁殖过程在很长一段时间内是个谜。早期的植物学家坚信所有的植物都必须有种子，他们得出合乎逻辑的推断：因为没有人见过蕨类植物的种子，所以它们的种子一定是看不见的。传说中，蕨类植物的种子只能在仲夏夜采集，一旦有人获得，就会像"种子"本身一样隐身。在威廉·莎士比亚的戏剧《亨利四世》（*Henry IV*）中，法斯塔夫的同谋者认为他们在盗窃时不会被发现，"我们得到了蕨类植物的种子，别人看不见我们。"当然，这不是事实。最终，植物学家开始研究蕨类植物叶片背面的"灰尘"斑块：一些人认为它们是种子，而另一些人则认为"灰尘"就像开花植物的花粉。在 17 世纪末，植物学家约翰·林德利（John Lindley）终于破解了这个难题。他将"灰尘"撒在裸露的土壤上，繁殖出的蕨类植物逐步长大并发育成熟。这种"灰尘"不是种子，而是孢子。蕨类植物是不产生种子的植物，它们通过

廊盖蕨属（*Gaga*）植物的孢子被保护在卷起的叶缘下，度过干燥期，直到合适的时间释放出来。

微小的孢子进行繁殖。孢子产生于叶背的特殊结构中，一旦释放，孢子就会发育成一个独自生活的结构，这个结构被称为配子体——产生配子、卵子和精子的生命周期阶段。我们常见的植株是蕨类植物的孢子体，是无性的，它只产生孢子。蕨类植物和它们的近亲在植物中是独一无二的，因为它们有一个独立生活的配子体，配子体相当于一个独立的植物，与孢子体没有任何联系。蕨类植物的配子体很小，绿色，可进行光合作用，通常是丝状或心形的，就像雷迪嘎嘎（Lady Gaga）在格莱美奖上所穿的服装。

在许多植物学教材中，蕨类植物的整个生命周期被描述为一个闭合的循环：其中孢子体（蕨类植物的身体）产生孢子，然后发芽成为配子体，配子体又产生卵子和精子，相遇并结合形成受精卵，然后分裂生长成为孢子体。至此，循环重新开始。配子体和孢子体进行着世代交替——世代交替是植物学教学的基本概念之一。这种交替是在具有一套染色体的配子体和具有两套染色体的孢子体之间进行的。首先，减数分裂过程产生了孢子，孢子发育成配子体，然后配子体发育出被称为原核的结构，产生颈卵器和精子器，精子器产生运动的精子（带鞭毛，可在水中游动），然后与颈卵器产生的卵子受精结合，受精卵发育成孢子体，即我们所认识的蕨类植物体。由于同一个配子体可以产生卵子和精子，有可能进行自我受精，因此蕨类植物被认为是极端近亲繁殖的例子，缺乏遗传变异能力，进化的潜力有限。有些人认为，与被子植物相比，蕨类植物的物种数量较少，是由于这种假定的双性配子体的近亲繁殖导致的。但是，就像生物本身一样，实际情况比这复杂得多。

配子体作为一个独立生活的有机体是让人惊讶的。它们可以作为种群存在多年，从不产生孢子体。在英国和爱尔兰，我们看到的基拉尼蕨类植物欧洲瓶蕨（*Trichomanes speciosum*），因它的配子体种群而出名，孢子体非常罕见。这种蕨类植物生活在其分布范围的边

碎米蕨类植物的叶片，在蕨类植物常称为复叶，有卷曲的边缘，叶背通常有毛、鳞片或粉状物。

缘，长期存在配子体种群，也许是为了应对较温暖的气候条件，只在少数情况下产生孢子体。配子体的生命力顽强，可以承受极端的高温和低温环境，直到时机成熟才进行无性繁殖。蕨类植物的配子体远不止能够自我受精，它还会表现出广泛的繁殖系统和性别表达。早期成熟的配子体种群可以产生卵子，然后向基质中分泌一种叫作精子器原的激素，诱导后期发育的配子体只产生精子。像这样的系统中，明显存在交叉受精，从而导致了遗传变异的增加。交叉受精的两个配子体可能来自同一孢子体的孢子（自交），也可能来自不同孢子体的孢子（杂交），可能性无穷大。在研究蕨类植物的育种系统中，杂交占主导地位，因为它们绝对不是来自同一个孢子体。

蕨类植物也可以不经过减数分裂产生孢子，发育具有两套染色体的配子体，不需要卵子和精子，直接从配子体上长出孢子体。这是无性繁殖，在干燥环境生长的蕨类植物中特别常见，如廊盖蕨属。这种繁殖方式在干旱地区是有利的，因为它消除了对游动精子所需的水的依赖，也缩短了孢子体产生的时间。在廊盖蕨属的 19 个物种中，大约有一半被认为是以这种方式繁殖的。这些物种［其中包括粗柄廊盖蕨（*Gaga germanotta*），为纪念 Gaga 的家族而命名的物种］具有奇数的染色体，使得常规的染色体配对不可能成功。它们完全是无性的。

所有这些繁殖系统和性别表达的变化意味着，在新栖息地建立新种群时，蕨类植物极容易变异。蕨类植物往往是火山爆发后熔岩上出现的第一批植物，它的一个孢子就可以建立一个种群，一直等到其他植物的到来，注入遗传变异。因此，蕨类植物的生命周期"不应视为早期陆地植物的'薄弱环节'或残迹，而应视为一种对环境的复杂适应性，从而支持着蕨类植物长期和持续的成功……"

鳌虾类蕨类植物（包括廊盖蕨属）是干燥森林和沙漠的典型植被。它们植株矮小，对干旱缺水的生活有显著的适应性。在极度缺水的时候，叶片蜷缩，使叶表面尽可能少的暴露在阳光下，水分充足时，叶片会再次展开。它们的叶缘卷曲，看起来像是被压出的皱褶或非常轻微的折叠，以保护发育中的孢子。这与我们常见的那些孢子暴露在外的蕨类植物差异很大。

此外，它们的叶子和茎通常覆盖着鳞片或毛，可以直接把水分吸收进植物体内，而不需要等待水分从根部运输。叶片中光合作用的工厂——叶绿体，通过色素或色素结构保护，使其在生长过程中免受烈日所产生的紫外线伤害。有时，这些蕨类植物完全失去了叶片，只剩下棕色的茎干。与那些来自阴暗潮湿森林中的典型蕨类植物不同，它们已经适应了完全不同的、干旱的生活环境，加上广泛的无性繁殖，意味着螯虾类蕨类植物，特别是碎米蕨属，直到现在还被视为"在实际和自然分类中最具争议的蕨类植物"。

粗柄廊盖蕨（*Gaga germanotta*），由植物学家命名，以纪念 Gaga 的家族杰尔马诺塔家族，并对他们为建设一个更友好、更包容的社会所做的不懈努力表达敬意。

DNA 测序的数据有助于识别碎米蕨属内部的单系——那些包含一个共同祖先的所有后代的群体。廊盖蕨属是这些单系之一。之前，廊盖蕨属的大多数物种都被归入碎米蕨属。碎米蕨属是一个大属，其分类工作仍在进行。关于蕨类生物学特征，关于分类困难类群（如碎米蕨类）的分类，以及关于蕨类的物种，我们还有很长的路要走，还有很多东西要学。

在确认廊盖蕨属的同时，还命名了两个新物种：粗柄廊盖蕨（*Gaga germanotta*）和奥奎兰廊盖蕨（*Gaga monstraparva*）。第一个是为了纪念杰尔马诺塔家族，特别是他们的天生完美基金会，该基金会的建立是为了给年轻人创造一个友好和包容的世界。第二个是纪念雷迪嘎嘎（Lady Gaga）的粉丝团——"小怪兽"，他们的向上举起的爪子有那么一点像展开的蕨类植物的叶片。流行音乐女王对此是怎么想的呢？在 2014 年的红迪新闻网站问答环节中，当被问及她对以自己的名字命名的蕨类植物属有何感想时，雷迪嘎嘎（Lady Gaga）回答说："这很酷，特别是因为它们是一类无性繁殖的蕨类植物。该属中有 19 种植物，都是无性的，无偏见的。多么酷啊！这正是我所盼望的。"

莲叶桐属（*Hernandia*）

弗朗西斯科·埃尔南德斯（Francisco Hernández）

科： 莲叶桐科（Hernandiaceae）
属下种数： 约30
分布： 环热带地区

　　我第一次在中美洲热带地区看到莲叶桐属（*Hernandia*）植物时，一眼就爱上了它们奇妙的叶片。这些叶子又大又绿，略带弹性，叶柄长在叶片的背面，使整个叶子看起来像一把小伞，植物学家称之为盾形叶。这些奇妙的叶子芳香四溢，富含精油，有些种类已经被用于制造香水。莲叶桐属及其莲叶桐科是被子植物进化树早期分支的成员之一，与樟科比较接近，精油含量高是这两个科的一个共同点。樟科和莲叶桐属的花粉（雄性配子）的承载器官——花药，通过微小瓣状结构打开，看起来就像一个活动门，而不是像大多数其他花药那样由细长的缝打开。这也是表明进化关系的一个共同衍生特征。

　　在植物中，大多数花是两性花，同时具有雄性和雌性的功能，既含有容纳花粉的雄蕊，又含有子房，保护着将来发育成种子的胚珠。但是在被子植物中，性功能的分离也很普遍，而且有许多变化。被子植物的性别表达不是一个简单的系统。莲叶桐属植物的花是单性花，它们可以是雌雄同株——两种功能的花都生在一棵树上；也可以是雌雄异株——不同功能的花着生在不同的树上。从植物的角度来看，我们人类是雌雄异体的，我们的性功能由不同的生物个体完成。

　　莲叶桐属的"果实"是红色或淡黄奶油色的，它的种子很可能由动物传播。也有些物种将果实掉入水中，果实漂流到下游或跨越海洋，这也许

Hernandia ovigera.

Sydney Parkinson pinx.'1769.

悉尼·帕金森是英国皇家海军"奋进"号上的画家，后来在返家途中去世；他画的来自塔希提岛的莲叶桐（*Hernandia nymphaeifolia*），完美地捕捉了这种植物奇妙的叶子和果实。

是该属广泛分布的原因。莲叶桐（*Hernandia nymphaeifolia*）分布在太平洋各地的海滩上，它的木材质轻，常用于制作独木舟，它的种子可用来制成首饰。该物种的一个俗名是灯笼树，可能因为其果实的形状看起来有点像灯笼，花下部的总苞发育成肉质的灯罩，罩着坚硬的、黑色灯泡状的真正果实。

　　瑞典植物学家卡尔·林奈在他的伟大著作《植物种志》（*Species Plantarum*）中记录了莲叶桐属（*Hernandia*）这个名字。在这本书中，他还"创造"了我们今天在所有动植物学名中仍然使用的命名系统。1753年，《植物种志》出版，植物学家们把这一年作为所有植物学名被使用的起点。但是，在此之前的很长时间里，在他们故乡常和植物打交道的人，以及努力探索世界的欧洲探险家和植物学家们，就已经给植物起了名。此前50年，法国植物学家查尔斯·普卢米尔（Charles Plumier）出版了一本

有人曾经说过，埃尔南德斯拿了很多报酬，但没有什么成果。就像莲叶桐的果实一样，看起来丰满多汁，但只是空心的外壳——这完全是一派胡言。

描述美洲新属植物的书，而林奈，就是从他那里"借用"了莲叶桐属这个名字。普卢米尔将这种新植物献给了弗朗西斯科·埃尔南德斯（Francisco Hernández），他是西班牙的一位医生，被国王菲利普二世派去"新西班牙"（今天的墨西哥），对领土上的"植物、酒和其他的医生"进行详细考察。

在那个时代，埃尔南德斯被称为"第三个普林尼"，说明他和公元1世纪的罗马医生普林尼（Pliny）一样，渴望记录和传播博物学知识。在16世纪早期，他可能是在马德里北部的埃纳雷斯堡的大学里学医。在当时，那里是西班牙人文主义思想的中心。在16世纪，医学研究仍然是以植物学研究为基础的，因为药物几乎完全来源于植物。因此，要成为一名医生，就必须深入学习植物学和博物学。埃尔南德斯当然也不例外，在他的晚年，他把自己定义为"医生和博物学家"，表明他渴望探究全世界的博物知识。

在16世纪的西班牙，要想在医学界发展，就必须依靠宫廷、出海或进入教堂。埃尔南德斯显然选择了宫廷，1567年，他被任命为菲利普二世的御医。玛丽·都铎是菲利普二世的妻子，她与伊丽莎白一世是同父异母的姐妹，但因为她试图将天主教重新引入英国君主制，导致她们之间产生矛盾。在人们的印象中，菲利普二世是一个沉闷的人，身穿黑衣，在宗教法庭和宗教狂的操控下统治着西班牙。但他也是一个受过良好教育的人，他的兴趣广泛，包括对"新大陆"的人民、动物、植物和地理知识。欧洲人对那里几乎一无所知。他在埃斯科里亚尔宫建造了不朽的图书馆，同时还建立了研究药物疗效的实验室，所有这些都服务于他自己的皇宫。

在成为皇家医生三年后，也就是1570年，55岁的埃尔南德斯就被菲利普二世委以重任，担任"印度的首席医生"，相当于西班牙征服美洲地区的首席医疗官员。在他的行军令中，医生和探险家的角色是相辅相成的。命令规定：埃尔南德斯只能去那些被西班牙征服的领地，因为"与其他地方相比，那里可以找到更多的植物、草药和药用种子"，他应该广泛咨询当地医生及原住民，以获取尽可能多的医学知识，以便在西班牙使用；他应该详细描述那些植物及其栖息地环境；在完成"新西班牙"的工作后，他应该继续前往秘鲁，在那里做同样的事情。这要求相当高，因为那时欧洲人对那些地方只是一知半解。

因此，弗朗西斯科·埃尔南德斯带着艰巨的任务出征"新西班牙"。他从一开始就受到了当地西班牙政府官员的阻挠。那些官僚根本无暇顾及一个远在天边的君主的愿望，更没时间理会一个可能会发现他们玩忽职守的知识分子。他甚至被西班牙领土无所不在的宗教法庭传唤，让他出庭指证一位医生同行，这或许是一种含蓄的警告。作为菲利普二世的"首席医生"，埃尔南德斯的工作基本受阻，于是他投身到另一项任务中，去记录这些广袤土地上的植物。

这个标本是由班克斯（Banks）和索兰德（Solander）于1771年在塔希提岛采集的，清晰地展示了莲叶桐伞状的叶子，让人浮想联翩。

他在墨西哥城周边以及更远的地方考察，通过自己的观察以及把自己的所见与当地人交流，来获取植物的用途和属性。他的方法与当时其他人使用的方法相似，用一套程序化的问题获取信息：它是什么？它叫什么？如何使用它？它在哪里生长？他还经常讨论在西班牙种植这种植物的可能性。他不仅替皇室获取了宝贵知识供他们使用，还带了很多植物回去。

埃尔南德斯大约花了六年时间探索墨西哥，走访了墨西哥周围地区的主要医院，也走访了西部的米却肯州和科利马州以及西南部的瓦哈卡等更远的地方。他的旅行不是通过日记或旅行日志来再现的，而是通过对他看到的植物和他请教的人的描述来再现的。他描述了数以千计的植物，而且每一种都配有插图，因为旅途中有墨西哥本地画家的陪伴。这项工作的规模是巨大的！你可以想象一下，他从一无所知到掌握世界生物多样性热点地区之一的多样性物种，付出了多么巨大的努力。

埃尔南德斯每年都会给菲利普二世写信，汇报他工作的进展情况。1571 年他写道，"我们相当细心、刻苦勤奋地进行印度的自然探究……在这里描述的八百多种新植物，之前从未见过。"但到了 1576 年，他开始厌倦了。"神圣的天主教皇陛下，我已将十六卷关于这片土地的自然探究资料交给皇家官员，他们随即将离开新西班牙的舰队一起返回，将资料呈给陛下……这份工作，使我失去了健康和生活，也给我带来很多好处，现在已经开始显示了一些……"最终，他带着他的手稿的拉丁文、西班牙文副本，于 1577 年回到了西班牙，健康状况极差。有趣的是，他还打算将全部内容翻译成纳瓦特语（Nahuatl）。但他没有看到他的作品完整出版。

埃尔南德斯没有按照当时理解的医学用途或植物学亲缘关系来对他的作品排序，而是根据植物的当地纳瓦特语名称。他尊重纳瓦特族的习俗和知识，他写道："我告诉你们，这些人即使在祭祀和吃人的时候也是那么高尚，他们用心教育他们的孩子，他们的话语有强大的力量。"尽管他谴责基督教到来之前人们的状态，但他认为"新西班牙"的美德是独立于欧洲价值观之外产生的。埃尔南德斯非常重视与他一起工作的当地人，他在遗嘱中把钱留给了那三位画家，他们的画作对他的作品贡献很大。

埃尔南德斯对他的作品进行调整，一遍遍的抄写、改善和校正。另外，在 1580 年，菲利普二世让别人挑选部分成果进行出版。这个选择是几个世纪以来埃尔南德斯作品传

弗朗西斯科·埃尔南德斯（1514—1587）本人从未出版过他的作品，但很幸运有抄写版留存，因为正本在 1671 年埃斯科里亚尔皇家收藏馆的一场大火中被烧毁了。

播的基础，也是当时欧洲的博物学家对墨西哥生物多样性的认识的基础。埃尔南德斯的详细描述，向欧洲介绍了诸如可可、玉米、辣椒、西红柿和香草等植物。他介绍的不仅是商品，还包括与原产地人们的文化和健康息息相关的植物用途。他"决定只写那些新世界熟知的，但在我们的世界中还不太为人所知的东西。"

他的著作独一无二，因为它们的基础是纳瓦特人的知识和文化。直到20世纪后半叶，这些著作才在墨西哥完整出版。埃尔南德斯著作的部分副本之一，使得18世纪的植物学家为了纪念他，将这种有趣的植物命名为莲叶桐属，实至名归。

在牙买加（Jamaica），特有的楸叶莲叶桐（*Hernandia catalpifolia*）是西半球最大的蝴蝶、濒临灭绝的荷马凤蝶（*Papilio homerus*）幼虫的食用植物。

油藓属（*Hookeria*）

威廉·杰克逊·胡克（William Jackson Hooker）

科： 油藓科（Hookeriaceae）
属下种数： 10
分布： 世界广布，热带亚洲除外

20世纪初伟大的艺术家乔治亚·欧姬芙（Georgia O'Keefe）曾经说过："当你把一朵花拿在手里，凝视着它，它就变成了你的全世界。"我举双手赞同，植物对我们有无穷的吸引力。但是，藓类植物把我们带到了一个完全不同的高度。作为墙面或森林中岩石上的绿色绒毛，藓类植物常常被人忽视，但它本身就是一个世界。仔细观察花园墙面上的绿色斑块，就会发现一个小小的森林。把它拿到显微镜下观察，可以看到像水熊虫这样微小的动物与各种单细胞生物一起嬉戏。这是你之前想象不到的多样性森林。

藓类植物是通过孢子繁殖的植物，与蕨类和石松类植物一起被称为隐花植物（孢子植物）——来自希腊语，意思是隐藏繁殖。这与显花植物或种子植物形成对比，后者的生殖器官明显地暴露在外面，最明显的是在被子植物的花中。藓类植物和苔类植物统称为苔藓植物，它们没有维管系统，不能通过木质部和韧皮部在植物体内运输水或营养物质，而是通过它们微小的叶状体和根状的假根直接地吸收营养物质。

苔藓植物通常被称为"原始"植物，因为它们缺乏如木质化的维管系统或花的分化，而这些分化使其他植物类群在陆地环境中大获成功。然而，从进化的角度来看，这种描述是错误的。进化出当今苔藓植物的单系与进化出维管植物的单系一样，在相同的时间段内经历着进化和改变。把它们称作姐妹群更为准确，它们在很久以前从一个共同的祖先分裂出来，从此

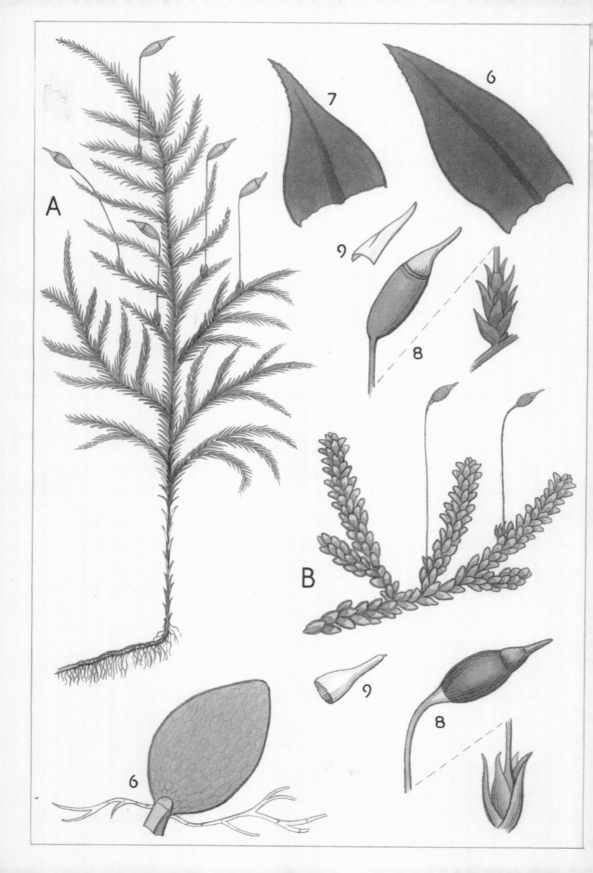

从远处看，苔藓植物看起来都大同小异，但仔细看，它们的小叶子、蒴果和假根有很多不同之处。油藓属植物（B）有着薄而圆的叶子，位于这幅插图的中心。

走向了不同的进化路线。在很久很久以前，具体时间还无法确定，这两个植物单系有一个共同的祖先。但很明显，至少在 4 亿年前，当生命第一次出现在陆地上时，像苔藓植物这样的植物也已经出现了。苔藓类植物一直是地球上陆地生命的一部分，它们见证了恐龙的出现和消失，并在地球上的几次大灭绝中生存下来，继续进化。

正如我们今天所知，植物在陆地上的出现是生命进化和地球构成的决定性时刻之一。在进化出陆地植物之前，裸露岩石的形状和组成只取决于地质和生物化学过程，如火山喷发和侵蚀作用。但随着植物从水中走向陆地，开始生长、生存和繁衍时，它们与岩石的相互作用开始形成土壤。苔藓植物与它们体内的真菌有着复杂的共生关系，真菌是这些微小植物在恶劣环境中生存下来的必不可少的因素，也是它们从岩石中提取营养物质并改变它们赖以生存的基质的重要因素。随着土壤的形成，早期陆生动物的栖息地也就形成了，一切都在一个非常小的范围之内。科学家们提出，目前的隐花植物结皮群落——由苔藓、真菌、地衣和藻类的混合物组成，类似于那些很早就来到陆地上的植物结皮。我们可以利用这些主要在冰岛或极地等非常寒冷地区发现的群落来帮助了解生物是如何影响地球本身进化的。

像所有的植物一样，苔藓植物有一个生命周期：包括生物体细胞只有一套染色体的阶段，称为单倍体或配子体阶段；以及有两套染色体的阶段，

苔藓植物的叶子只有一个细胞层厚，这使得它们能够从大气中直接吸收水分并轻松转移，由于它们没有维管系统，这显然是个优势。

即二倍体或孢子体阶段。苔藓植物的叶状体是生命周期中的配子体阶段，它们一生中大部分时间是单倍体生物。孢子体看起来像小球或泪珠，长在从叶状体中伸出的纤细的茎上。孢子体产生的孢子发育成配子体，也就是我们所认识的苔藓的叶状体。配子体要么在叫作颈卵器的结构中产生卵子，要么在叫作精子器的结构中产生精子，配子体有时是双性的，在同一株植物上同时产生精子和卵子。苔藓植物的精子有尾巴，自己可以游动，但水是受精的必要条件，尽管有时小昆虫可以把精子从雄配子体带到雌配子体。一旦卵子受精，孢子体就会生长，并附着在叶状的配子体上。新的生命周期又开始了。

苔藓植物的精致的薄叶子，如圆叶油藓（*Hookeria lucens*），或亮叶油藓，长期以来被认为不是真正的叶子。但最近的工作表明，叶子或叶状结构在植物中已经进化了很多次，所以把叶子分为小型叶（苔藓植物）和大型叶（维管植物）会对叶子的进化产生误导。苔藓植物通常长在黑暗的森林地面、沼泽或湿地等潮湿的地方，它们的叶子非常薄，通常只有一个细胞层厚，很容易吸收和失去水分。人类已经在利用泥炭藓的吸水能力来为自己谋福利。泥炭来源于泥炭沼泽，它是成千上万的苔藓压缩和干燥的植物体，过去用作燃料，今天是许多园艺盆栽土壤的成分。泥炭沼泽的固碳能力可与森林相媲美。它们因农业排水或直接采挖用于园艺土壤贸易而持续遭到破坏，这很有可能会加速气候变化。据估计，如果世界上所有的泥炭沼泽都消失了，大气中的二氧化碳将增加三分之二。可见，苔藓非常重要。

当胡克这个姓氏与植物学联系在一起时，很多英国人至少会想到威廉·杰克逊·胡克（William Jackson Hooker）在建立英国皇家植物园邱园时发挥的作用；或者想到他的儿子约瑟夫·道尔顿·胡克（Joseph Dalton Hooker），他是查尔斯·达尔文以及自然选择进化论的早期支持者。很少有人会想到威廉对苔藓植物的热爱，也很少有人会想到他的植物学成就是从苔藓植物开始的。威廉·杰克逊·胡克在东安格利亚的诺里奇镇长大，18世纪末那里是英格兰的毛织品贸易中心。他是一个真正的博物学家。他与他的兄弟约瑟夫一起观察和收集鸟类、昆虫和植物，对诺福克乡村的生物多样性有了全面了解。他在拉克希思（今天位于诺里奇郊区）附近收集到一种微小的苔藓植物，从这里就能看出他在这方面有异于常人的天赋。他的父亲建议他把苔藓植物展示给詹姆斯·爱德华·史密斯（James Edward Smith），这位植物学家购买了伟大的瑞典分类家卡尔·林奈的标本和图书馆。因此，对小威廉来说，把有趣的苔藓拿给他看，再合适不过了。他的房子里有植物分类之父本人的所有标本。

胡克被史密斯请进图书馆，那里存放着林奈曾经用过的书籍和标本。他向史密斯展示了他的小苔藓，史密斯兴奋得"准备在房间里跳舞"。因为胡克带来了一种叫作烟杆藓（*Buxbaumia aphylla*）的稀有苔藓标本。截至那时，在英国还没有发现过这种苔藓。史密斯建议胡克把这种令人兴奋的小苔藓带给雅茅斯的道森·特纳先生。他是一位银行家，和当时英国的许多资产阶级一样，是一位热衷于藏书和博物学的人。特纳让年轻的胡克为他的《英国藻类》（*British Algae*）一书作画。胡克不仅是一位卓越的博物学家，也是一位有成就的艺术家。一位植物学家同行说："我很难说在他的作品中我更欣赏什么，他画画的铅笔还是他写作的文笔。"史密斯和特纳都在胡克身上看到了巨大的潜力。史密斯担心他会放弃苔藓植物而选择昆虫或鸟类，而特纳则渴望他帮助自己完成著作。史密斯让胡克管理林奈的收藏品，并且他和特纳会把胡克介绍给当时博物界的显要人物。

在胡克收集烟杆藓的几年后，史密斯将一个苔藓属献给了他年轻的朋友（F. L. S. 代表林奈学会的会员，胡克作为当时最年轻的会员被选入该学会）：

　　"我很高兴将这个属献给我年轻的朋友，诺里奇镇的威廉·杰克逊·胡克先生，F. L. S.，他是一位特别勤奋和聪明的植物学家，他很有名气，因为他发现了有趣

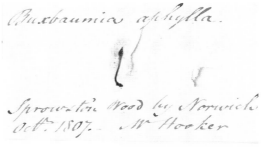

胡克采集的烟杆藓（*Buxbaumia aphylla*）标本，现如今收藏在爱丁堡皇家植物园。它很小，不到一厘米长，但那就是整棵植物的全部！

的烟杆藓并且为特纳先生的作品绘制的墨角藻属植物（Fuci）的科学画……"

威廉·杰克逊·胡克（1785—1865）研究了叶苔属（*Jungermannia*）植物。在他的第一批植物学出版物中，有很多是关于这些微小植物的书籍。

胡克本人为史密斯的作品画了插图，后来又发表了自己对这个以他之名命名的属的评定，删除了几个史密斯放进来但并不属于该属的物种。真是"忙于油藓属的胡克"！

胡克渴望环游世界，他已经去过苏格兰和欧洲大陆。当约瑟夫·班克斯爵士给他一个去冰岛的机会时，他欣然接受了。冰岛之行是一次真正的冒险，最后，在返回时，他乘坐的船起火并损毁，导致他所有的标本和文件一并损毁。因此，他又回到了他的苔藓植物的研究中。这时，他已经爱上了特纳的大女儿，所以当班克斯提出再次旅行去爪哇时，他的家人和特纳的家人都极力劝阻他。胡克回绝的决定让班克斯非常生气，但是当胡克申请格拉斯哥大学植物学教授的空缺职位时，班克斯还是给予了全力支持。随着他的家庭成员不断增加，胡克搬到了格拉斯哥，为医学专业的学生讲课。他取得了惊人的成功，他的课受到了学生和当地博物学家的极大好评。他利用自己的艺术技巧在课堂上演示植物形态，并在墙上贴满了不同植物科和属的巨幅图画。他还编写了一本《苏格兰植物志》（*Flora Scotica*），供他的学生在野外使用。这门植物学课之前从来没有人教过，它对每个人都是开放的、易懂的。他的学生们也很欣赏他——他的一年级学生送给他一个容器，这是塑料袋出现之前的植物收集盒，上面刻有圆叶油藓的叶状体。

同时，他还建立了一个世界级的标本馆和植物园，成为世界各地的植物学家的圣地。他继续从事苔藓植物的研究，出版了一本英国苔藓指南，在引言中，为读者提供了一份植物学宣言：

就像这片来自威尔士（Wales）的雨林的圆叶油藓（*Hookeria lucens*），或称亮叶油藓，它们在世界各地温带湿润森林中的潮湿地块形成大片的垫层。

> "这本书选择使用英文出版，因为我们知道，有许多博物学家孜孜不倦的追求博物学这一令人愉快的学科，但现实情况是，他们除了母语之外，无法获得任何知识；……"

在他所参与的流行植物学杂志上，也能反映出他把植物学带给所有人的热情。他不仅经常提供文稿及插图，而且经常自费。他无条件的献身于他的学生、格拉斯哥的花园和标本馆。但他非常渴望回到伦敦，长期以来一直关注着英国皇家花园邱园，那是英国探索植物的宝库。1843 年，他终于成为那里的主任，开始了他植物学生涯的下一个阶段。他丰富的个人标本也随着他的合作和包容精神一起来到了南方。在他的领导下，皇家花园面向公众开放，让他们欣赏丰富的藏品，他还编写了一本游览手册。对于我们来说，胡克是一位真正的植物学领军人物。

棱瓶花属（*Juanulloa*）

豪尔赫·胡安和安东尼奥·德·乌略亚（Jorge Juan and Antonio de Ulloa）

科： 茄科（Solanaceae）
属下种数： 10～15
分布： 墨西哥南部至南美洲

　　棱瓶花属（*Juanulloa*）不太像是茄科植物。茄科植物大多是草本或灌木，如致命的颠茄（*Atropa belladonna*）或烟草（*Nicotiana tabacum*），而棱瓶花属是附生植物，生长在美洲热带雨林高高的树冠上。附生植物（epiphytes）是依附在其他植物上生长的植物，来自希腊语"epi"，意思是在上面，而"phyton"意思是植物。棱瓶花属植物是灌木，叶子厚革质，花朵美丽，非常引人注目。因为植株太高，它们很少被采集到。

　　由于很少采集这些难以获得的附生植物，到了今天，利用DNA测序技术才得以明确它们的系统分类和亲缘关系。棱瓶花属是茄科的一个分支，它们都是附生或半附生的，花的形状和大小有很大的差异。一些有大的钟形花，一些有小的绿色管状花，还有一些的花像足球一样紧密地聚在一起。传统分类上的棱瓶花属有蜡质管状的橙色花朵，可能由蜂鸟授粉。在有这些植物分布的热带雨林中，蜂鸟的种类非常多。花管部分通常略微弯曲，这与其他蜂鸟授粉的植物一样，是为了适应特定种类蜂鸟的喙。厚实的花冠管被包裹在同样厚实的蜡质花萼中，这两种结构可能都是为了保护花冠管底部的花蜜——给蜂鸟的奖赏，以防花蜜强盗切开花的底部，"非法"获取花蜜。

　　最近对棱瓶花属所属类群的研究发现了令人激动的新亚群，这一发现随之颠覆了这些奇妙植物的传统属的概念。在某种程度上，把某些物种确定为属是植物学家们如何划分系统进化树的问题，这些树是利用二分法作的分支

寄生棱瓶花（*Juanulloa parasitica*）花底部的大蜜腺分泌花蜜给蜂鸟。蜂鸟拜访树冠上的附生植物并给它们授粉。

鲁伊斯和帕文将它命名为寄生棱瓶花（*Juanulloa para-sitica*），是因为它的附生习性，让他们认为它是寄生在树上，而不仅是利用树作为支撑。

图，确定把哪一级的分支定为属比较棘手。因为，分类学不仅是分类学家用来研究进化模式的一门纯理论学科，而且也是了解生物多样性、管理保护区和其他许多自然调查的工具。我们为它们命名时，要平衡其完整度和实用性。这些决定有时并不容易！

在传统分类上，棱瓶花属被定义为所有具有管状橙色花朵的附生植物类群；而其他具有较小绿色花朵的物种被划为另外一个属。然而，DNA测序分析表明，一些具有典型的橙色管状花的传统棱瓶花属植物，实际上与传统蚁号木属（Hawkesiophyton）具有较小的淡绿色花朵的植物关系更密切。因此，我们面临一个典型的分类学难题——是"分裂"（留下两个属，两个属都有橙色的花）还是"合并"（合并成一个属，两种颜色的花都有）。研究它们的植物学家对此作出决定并发表结果，然后以各种方式进行论证，最后由同行评审。这些结果将成为文献资料，由未来的植物学家进行校检。我们所做的每一次改变都是我们获得知识的标志。但是，无论它是一个属还是两个属，我们仍然使用棱瓶花属这个名字。在蚁号木属被描述之前，西班牙植物学家希波利托·鲁伊斯（Hipolito Ruiz）和若泽·帕冯（José Pavón）已经描述了它。作为相对古老的名字，它具有优先权。如果这两个名字被合并，将使用棱瓶花属作为新属名。

鲁伊斯和帕冯都是植物学家，他们受西班牙国王查理三世派遣，随同秘鲁总督府植物学考察团考察记录秘鲁和智利的植物宝库。他们在秘鲁和智利驻扎了 12 年，深入了解了秘鲁的植物多样性。如今秘鲁是 17 个最具生物多样性和传统研究的"超级多样性"国家之一。作为专业的植物学家，他们为科学界采集并描述了许多新属，其中包括棱瓶花属，他们以启蒙运动时期两位杰出的西班牙海军军官为棱瓶花属命名，这两位军官到达该地区的时间比他们到达该地区大约早 50 年。他们用西班牙语和拉丁语向豪尔赫·胡安（Jorge Juan）和安东尼奥·德·乌略亚（Antonio de Ulloa）致敬，这在当时拉丁语作为学术语言的情况下是极不寻常的：

"Génerodedicado a D. Jorge Juan y D Antonio de Ulloa，que acompañados de losSeñores La Condamine，Joseph de Jussieu y de otrosinsignesMatematicos y Botanicosrecorrieronel Perú con el fin de medir un grado del Equador para determiner la figura de la tierra，y publicaronvariasnoticias de Plantas de America de suviage impresa en Madrid año de 1748."［这是献给豪尔赫·胡安先生和安东尼奥·德·乌略亚先生的属名，他们陪同科学家孔达米纳（Condamine）、约瑟夫·德·朱西厄（Joseph de Jussieu）和其他数学、植物学名人，一起穿越秘鲁，在赤道上对纬度进行测量，以确定地球的形状。他们于 1748 年在马德里发表了很多美洲植物研究成果。］

胡安和乌略亚是法国主持的大地测量探险队的成员，其目的是检验艾萨克·牛顿的假设：地球在赤道上隆起，在两极扁平。这个观点当时在科学界备受争议。18 世纪初，路易十五决定派遣两支探险队来解决这个问题，一支去极地，一支去赤道。当时，在赤道上最容易到达的地方，是西班牙殖民的南美洲西部基多地区，即今天的厄瓜多尔。但是想进入西班牙控制的领地并不容易，西班牙的统治者不仅小心翼翼地守护着他们的财富，还保护着关于他们在 17 世纪征服的领土。西班牙的菲利普五世允许法国团队

在棱瓶花属中嵌套的是蚁号木属（Hawkesiophyton，以植物学家 J. G. 霍克斯命名），它是由蜜蜂授粉的绿色小花。分类学家仍未决定是"分裂"还是"合并"！

进入该地区，条件是他们必须安插两名西班牙科学家作为助手，以保护他的皇家利益。豪尔赫·胡安和安东尼奥·德·乌略亚都是来自加的斯的海军军官，他们由皇家法院任命。乌略亚只有 19 岁，而胡安只有 22 岁，对如此重大的任务来说他们实在是太年轻了，但两人都精通科学、航海、工程以及后来变得有用的军事科学。

尤其是乌略亚，他是一个讲究礼节和做事方法的人。在秘鲁的那段时间，他与官僚们闹翻了，但是法国团队非常尊敬这两个年轻人在科学探险中提供的知识和帮助。胡安和乌略亚与大地探险队一起工作，直到 1739 年法国人离开。有些人走传统路线离开，他们乘船沿亚马孙河北上，经过现在的哥伦比亚和拉康达明。而这两个年轻的西班牙人在南美洲停留了 11 年，履行他们的皇家指令，参加法国人的所有研究，仔细记录结果，对他们所到之处的所有城市、港口和防御工事进行规划，收集有关该地区的土壤、植物、工业和民众的信息，包括"未开化"的原住民，并进行对未来航海家有用的观察。对于两个 20 岁出头的年轻人来说，这要求极高。

胡安和乌略亚并没有在城市中与西班牙官员们待在一起虚度时光，而是四处走访了各种不同类型的村庄和场景，真正记录了西班牙殖民地的生活状况。他们回国后写的《南美洲之旅》（*Relaciónhistórica del viage a la America Meridional*）一书，尽管多达五卷，却深受大众欢迎，广泛传阅。这本书真实地反映了西班牙殖民地的现实生活、自然博物馆和地理情况。

鲁伊斯和帕冯在将棱瓶花属献给豪尔赫·胡安和安东尼奥·德·乌略亚时提到的就是这本书。

这本关于两人旅行的记录并不是他们唯一的作品。实际上，这里面大部分内容都是乌略亚写的，不过因为胡安拥有更高的海军军衔，所以在扉页上胡安的名字排在乌略亚前面。他们还为国王和他的大臣们写了一份关于殖民地政府行为不公的论述——《关于秘鲁王国的论述和政治思考》。这本书毫无保留地介绍了殖民地腐败和走私问题严重的情况，揭露政府官员和神职人员对当地人的虐待，详细记录当地道德沦丧、世风日下的现状和当地人对国王的服务态度。论述记录了官员的管理不善和当地人民骇人听闻的待遇，但没有指名道姓。事实上，这些行为据说是一种"常见病"，许多人被派往殖民地担任行政人员、职能人员和牧师后，都会失去良心，大肆敛财。简而言之，这是一个快速致富的途径。殖民社会的严格社会分层导致欧洲移民和当地出生的欧洲后裔之间的激烈争斗："要想扑灭派系主义的火焰——这几乎是征服秘鲁以来就存在的一种邪恶——没有其他可靠的方法，只能通过消解所有移民到印度的欧洲人的力量。"在秘鲁当地的负责人看来，这些话一点也不受欢迎。

在针对该地区原住民的待遇方面，该论述言辞更加犀利，谴责更加强烈。根据事实和观察，他们记录了惩罚性税收和贡赋制度，所谓的"分配制"强制民众购买劣质商品、以最蹩脚的借口抢占土地以及行政人员和神职人员对当地民众的普遍剥削："在他们的村庄里，我们有足够的机会见证他们的抱怨和遭受的过度和不公正的待遇时的合理抗议。"以前的法官要么被收买而保持沉默，要么就是不在乎。乌略亚对这个制度怒不可遏，他认为这个制度极不公正。他的解决方案包括：延长殖民地管理者的任期，这样他们就不会把任命看作是一种快速致富的方式；限制所有欧洲人的权力，让当地领导人的儿子负责税收事务；他对神职人员骇人听闻的行为的解决办法是让耶稣会士负责。

该论述一直是一份秘密文件，直到1826年，与南美有关系的英国公民大卫·巴里未经授权抄写了一份。在南美独立斗争刚刚结束时，他的抄本以《美洲秘闻》（*Noticas secretas de America*）为题，强调了西班牙殖民

安东尼奥·德·乌略亚（1716—1795），严厉谴责秘鲁总督统治下的地方官僚腐败问题，尤其是对待当地人的方式；这让他在当时社会中并不受欢迎。

地"残酷的压迫"和"可耻的虐待"，并激起了反西班牙的情绪。如果豪尔赫·胡安和安东尼奥·德·乌略亚本人能看到这样的情形，他们一定会感到非常震惊，因为他们至死都是西班牙国王的忠诚坚定的仆人，绝不会背叛自己的国家。特别是乌略亚，他被派去执行各种极其困难的任务，作为秘鲁万卡韦利卡（Huancavelica）地区的总督，他直接卷入了银矿的腐败圈套，而在他刚刚从那个艰难的岗位上返回西班牙时，又被派往路易斯安那州，担任刚从法国人手中夺取的领地的总督。他坚决反对腐败和虐待，使他在这两个地方都不受欢迎。胡安的海军生涯同样受人尊重。两人都被选入各种欧洲科学协会。

胡安和乌略亚描述了当地普遍存在的腐败和虐待现象，他们的观察是为了促使西班牙当局改善对"他们的"殖民地的管理，以造福于所有人。我们不清楚这些建议的结果是什么。但在1767年，耶稣会士被驱逐出美洲，清楚地表明这些建议不一定受欢迎。到1777年，鲁伊斯和帕文追随胡安和乌略亚的脚步来到秘鲁时，这里也没有发生什么实质性的变化。胡安和乌略亚的旅行和观察在他们那个时代产生强烈的反响，但是今天，他们基本上被遗忘了。然而，他们永远被铭记在棱瓶花属的名字中。

露薇花属（繁瓣花属）（*Lewisia*）

梅里韦瑟·刘易斯（Meriwether Lewis）

科： 水卷耳科（Montiaceae）
属下种数： 16～18
分布： 北美洲西部至墨西哥北部

　　在 1806 年 6 月中旬，如果梅里韦瑟·刘易斯（Meriwether Lewis）和威廉·克拉克（William Clark）及其 30 人的"探索队"在现在的爱达荷州和蒙大拿州交界处的洛洛小道上穿越落基山后开始折返，我们可能就不会有一个名为"*Lewisia*"的植物属。在俄勒冈州海岸度过一个令人痛苦的雨季后，刘易斯满载着关于密西西比河以西土地的成果和知识，急于返回东部。刘易斯和克拉克及其团队所在地的尼米普乌人，又称内兹佩尔塞人，强烈建议他们不要现在穿越山脉。这条路线是他们通往平原去狩猎野牛的传统道路，但他们说这个时间为时过早，对马来说，山上的雪太多，而草太少。但刘易斯更清楚：他认为原住民能做的事，他和他训练有素的团队也能做到，所以在没有向导，也没有更好的建议的情况下，他们不顾一切出发了。不过，他们也很害怕。在他们出发前的晚上，克拉克写道："即使是现在，面对穿越这些山脉的巨大困难，我仍感到不寒而栗。"

　　登山的过程也确实困难重重。想象一下，一个由 30 多人和马组成的队伍，试图穿越一系列复杂的高山，先是冻雨，其次是雪，然后遇到 3 ～ 4 米厚的积雪，马吃不到草，海拔急剧上升，山路湿滑难行。大约一周后，刘易斯与克拉克商量后作出决定："如果我们继续前行，会在这些山脉中迷失方向，可以肯定的是，我们将失去所有的马匹，从而失去我们的行李工具，也许还有文件。这样一来，即使我们能幸免于难，我们已经取得的成果也

Montana

Mary E. Eaton

会损失惨重。……我们认为，在没有向导的情况下继续前行是疯狂的举动。"

于是，他们返回山下，等了一个星期左右，然后带上几个十几岁的尼米普乌人做向导，用了 6 天时间穿过落基山脉，其中只有一个地方没有足够的草料给马匹吃。前一年，他们花了 11 天时间才穿越山脉。他们的向导皮基·奎纳是一个被探索队成员称为"托比"的肖肖尼人，在到达爱达荷州中部的平原之前，他在倒下的树木和闭塞的峡谷中迷了路，几乎导致探险队全部遇难。相比之下，在 1806 年，他们到达了被称为"旅行者休息地"的广阔平原，情况要好得多。在那里，刘易斯采集了一些植物，其中就有露薇花属（*Lewisia*），一种生长在砾石土壤中的小型直根系草本植物。很可能是他沿着洛洛小道，在探索队营地附近一个长满草的平原上采的。长期以来，那里一直是该地区原住民的聚集地。

刘易斯和克拉克探索队的起点，是托马斯·杰斐逊在 1803 年以 1500 万美元从拿破仑·波拿巴手中购买的"路易斯安那州"。杰斐逊是美利坚合众国的第三任总统，他被西部的土地及其增加的国家规模和潜能深深吸引。另外，拿破仑则很高兴可以摆脱他无法治理的土地，并与美国重新建立了抗英联盟。但美国政府到底买了什么？密西西比河以西的地区对欧洲人来说非常陌生，除了孤独的毛皮猎人定期为英国和法国的财团输送货物。

杰斐逊认为，美国人可以找到一条从密苏里河到太平洋的全水路通道，将美国的领土扩展到欧洲国家。他有一个愿景，那就是让自己新建立的国家从一片海延伸到另一片海。他还对密西西比河以西地区的自然探究非常着迷，他期望在那里找到巨大的地懒和失落的"威尔士人"部落！最后，他美好的愿望落空，但是，他在选择领队方面非常有眼光。梅里韦瑟·刘易斯是他的私人秘书，非常年轻，但能力很强。他让刘易斯带领探索队进入那块"路易斯安那领土"。刘易斯是弗吉尼亚州的烟草种植

苦根露微花（*Lewisia rediviva*）的花朵非常鲜艳。它的淀粉根不仅为原住民提供非常珍贵的碳水化合物，也赋予这种植物一个俗名——苦根花。

者，和杰斐逊一样，他也在美国东部探索中长大，并曾在军队服役。他与杰斐逊的政治立场一致，在自然方面也兴趣相投。为了让他尽可能科学地采集和观察，杰斐逊让刘易斯从他的美国哲学协会（他是该协会的主席）同事那里学习科学的自然探索速成课程。在那里，刘易斯学会了如何通过天文测量确定经纬度；学会了如何保存动物皮毛；对我们来说更重要的是，他学会了如何压制和干燥植物标本。刘易斯有权组建他的队伍，他的首选是威廉·克拉克，克拉克在密西西比河沿岸（当时是西部边境）服役时曾是他手下的一名军官。这是一个有如神助的选择。他们组建了"探索队"，并将其融合为一个效率极高的团队。两人是天生的领袖。

在圣路易斯见证了出售"路易斯安那领土"（密苏里河上游所有的土地）的条约签署后，队伍乘船沿密苏里河而上，艰难地穿过苏族拉科塔人的地盘，他们是优秀的战士，对来自东方的扩张感到不满。他们在曼丹人的地盘过冬，在那里，一部分探索队成员带着藏品和日志返回圣路易斯。

当路易斯（腰上系着红头巾）和克拉克讨论从"旅行者休息地"翻山越岭的路线时，莎卡加维亚抱着她在旅途中出生的宝宝，倾听并观察着——她的建议多次使探索队幸免于难。

也是在那里，刘易斯和克拉克雇用了一个叫图伊桑·沙博诺（Touissant Charbonneau）的法国猎人，但最重要的是，他的妻子也加入了探索队。她是一个肖肖尼人妇女，几年前，她十几岁时被希达查战士俘获，又在一次打赌中被沙博诺赢了过来。她就是莎卡加维亚（Sacagawea），没有她，刘易斯和克拉克的探索队绝不可能完成他们的目标。她会说法语和几种当地语言，并担任了探索队的翻译。当探索队不知道吃什么时，她也会提供帮助。虽然他们可以随心所欲地杀死平原上遍地都是的野牛和麋鹿，但他们不了解哪些是安全无毒又有营养的植物。她还了解密苏里河流域自己族人的领地。虽然他们叫作"探索队"，但他们并没有真正进入未被探索的领地。他们走过的所有领地都归原住民所有，原住民形成了许多不同的部族，有些彼此和平相处，有些则冲突不断。他们所走的路线是沿着原住民在不同的季节里追踪猎物和获取资源的老路。今天的高速公路也是沿着这条路线铺就的。

1804 年，在当时的南达科他州，刘易斯与热情友好的曼丹人一起过冬，这给他带来了希望。杰斐逊曾给他一个任务，就是把密西西比河以西土地上的人们纳入美国范畴，让他们承认美国政府是他们新的"好父亲"。和很多人一样，杰斐逊对北美原住民的看法极其矛盾。他的一个想法是把西部交给他们自己，这样他们就可以为美国打造一个毛皮贸易产业链。当然，这既没有征求原住民的意见，也没有考虑大批渴望获得更多空间的外来定居者的意见，更没有考虑到利用动物获取皮毛的不可持续性。19 世纪末期，这些冲突最终导致原住民被迫离开他们的家园，同时也结束了对北美西部巨大自然资源的可持续利用。

一路上，通过他们遇到的部族提供向导和信息，刘易斯和克拉克开辟了这条道路。杰斐逊还特别嘱咐刘易斯记录当地人使用的植物，他很好地完成了任务，有时还对这些植物进行了非常详细的描述。尽管来自平原和周边地区的部族都在一年中特定的时间猎杀野牛，但他们的饮食也包括在旅行中收集的根茎。1805 年 8 月 22 日，在刘易斯行至蒙大拿州南部的日记中，记录了他与露薇花属的第一次相遇。

我在美国蒙大拿州南部的熊牙山口一个雪堆旁，见到了矮小露薇花（*Lewisia pygmaea*），它比艳丽的表亲苦根露薇花小，有同样明亮的粉花和肉质的叶子。

"……另一个物种［苦根露薇花（*Lewisia rediviva*）］残缺不全，看上去纤维较多，易碎，像小羽毛笔一样大小，呈圆柱状，除了在制作过程中一小部分没有分离开来的黑色外皮，里面像雪一样白。据我所知，印第安人总是煮它的根部吃。我做了个实验，发现它们煮熟后变得非常软，但味道非常苦，难以下咽，我把它们递给了印第安人，他们吃得很开心。"

刘易斯不太喜欢的苦根花——露薇花属，有肉质的根，直径和铅笔差不多，长约几厘米。在苦根花开花前挖出它的根，在这时剥掉它苦味的外皮很容易。在蒙大拿州西部吃苦根花的萨利希人，他们只采挖半截根部，剩余的部分则重新栽进土里，以便第二年再次采挖。而女性主要负责根茎类作物的采收，这也是莎卡加维亚让探索队能够幸存和成功的主要原因。为了纪念她，在 2005 年，人们以她的名字命名了露薇花属植物莎卡加维亚露薇花（*Lewisia sacagaweae*），让她与露薇花属有了更紧密的联系。

除了记录人们使用的植物外，刘易斯还使用他所学到的方法采集植物并压制标本。他最终采集了"这些主要由根部构成的植物"，并在第二年的返程中将其命名为露薇花属。标签上写着"印第安人吃这个根 / 靠近克拉克河 /1806 年 7 月 1 日"。他把植物压在折叠的吸水纸之间，然后放在阳光下晒干——这是一个烦琐的过程。让人吃惊的是，探索队采集的 200 多份植物标本至今仍在。它们不仅代表了当时科学家们不知道的属和物种，还代表了刘易斯为满足杰斐逊了解该地区自然探究的愿望所做出的不懈努力。

1806 年，当刘易斯、克拉克和团队（莎卡加维亚、沙博诺与曼丹人在一起）回到美国东部时，被视为英雄归来，受到了热烈的欢迎。杰斐逊给了刘易斯一个有声望的职位——路易斯安那州州长（他并不太适合这个职位，因为这涉及政治和策略），对刘易斯而言，这也许给得太多了，后来他再也没能找到时间来准备出版记录了他那精彩的旅行的作品。1809 年，梅里韦瑟·刘易斯悲剧性的自杀了。克拉克的情况好一些，他结婚后住在圣路易斯，同时接手了莎卡加维亚两个孩子的教育。

刘易斯和克拉克没有找到一条通往太平洋的水路，密苏里河的源头也没有流入加拿大从而增加了美国的领土，但他们确实到达了太平洋，并从陆地返回。不过，他们收集的标本才是真正的宝藏，对科学界来说，他们收集的大部分植物都是新的。弗雷德里克·珀什（Frederick Pursh）在他1813 年出版的北美西部植物名录中对这些植物进行了描述和命名，其中包括露薇花属，只包含一种植物——苦根露微花。这个标本本身只有花，也许是因为根没有干透就被种上了，因此被称为 "*rediviva*"，意思是复苏！在他的描述中，珀什认为这种植物在园艺方面会表现较好，他种下一条根，但它 "由于一些意外" 死了，因而没有亲眼见到它开花。

在珀什的植物名录出版后，那些标本在费城被束之高阁。直到 19 世纪末，它们才被植物学家托马斯·米汉（Thomas Meehan）"发现"。他发现许多标本已经被昆虫吃掉——这就是没有得到妥善保管的标本馆的标本的命运。今天，所有这些标本都可以查阅电子版。刘易斯详细地记录了采集签，人们可以追踪它们的采集地点，从而获取一个现在完全被人类改变的地区的生物多样性的概况。

正如珀什所言，露薇花属植物是非常有价值的岩石公园植物，叶片肉质，花朵有糖果色条纹，非常漂亮。我想知道，当梅里韦瑟·刘易斯在旅行者休息地的洛洛溪沿岸采集时，或者当他把自己的那份苦根花递给当地人并让他们 "大块朵颐" 的时候，他是否想到了这个问题？很可能没有，因为他是一个只属于边疆和户外的男人。

北极花属（林奈木属，双花蔓属）（*Linnaea*）

卡尔·林奈（Carl Linnaeus）

科： 忍冬科（Caprifoliaceae）
属下种数： 1
分布： 环北极地区

瑞典植物学家卡尔·林奈目前有 500 多幅肖像画，几乎在所有的画中，他手中或胸前都有一枝北极花（*Linnaea borealis*），这是他的"标志"。而在他的简介中，总会罗列一些他的著作，最常见的是著名的《自然系统》（*Systema Naturae*）。在这本书中，他对当时所知道的所有动植物都进行了分类。在他的盾章上也有北极花纹样，他真的非常认可这种小植物。

林奈出生于 18 世纪的第一个十年，他为我们提供了今天用于所有生物的命名系统——双名法或二名法命名系统。每个不同的物种都有一个属名和一个种名，如北极花的拉丁名为 *Linnaea*（属名）*borealis*（种名）。在林奈提出系统的双名法之前，物种的名称是描述物种相关的句子，有的长，有的短。1753 年，他的双名法首次在《植物种志》（*Species Plantarum*）中发表。我们通常认为，大多数植物的学名都始于该书，不管在那之前的植物学家是否使用过它们。

卡尔·林奈出生在瑞典的农村，是当地一位牧师的长子，据说他从小

林奈的拉普兰之旅笔记富有诗意："……歌鸫站在冷杉的树梢，对着爱人深情地歌唱，好像是欢迎我们踏入森林，让我们欣喜若狂……"

对植物就很痴迷。卡尔的父亲为了彰显他自己的学识，在大学里就使用拉丁语系的姓氏"林奈"，这在当时普遍缺乏姓氏的情况下显得别具一格。然而在当时那种很小的社交圈里，每个人都彼此熟悉，这其实没有必要。卡尔的父亲原名是尼尔斯·英格玛森，意思是英格玛家的儿子尼尔斯，他又给自己加上拉丁化的姓——林奈，变成了尼尔斯·英格玛森·林奈（Nils Ingemarsson Linnaeus）。卡尔是一个普通的学生，他先是在隆德上大学，后来又去了乌普萨拉上学。在这两个地方，他都很幸运地遇到了一路帮助他的导师。在隆德，他的房东基里安·斯托贝斯允许他使用他的个人图书馆；

在他的结婚照中，林奈自豪地展示了他的"标志"——他的手臂倚在他的书上，手里拿着一枝北极花（Linnaea borealis）。

而在乌普萨拉，他遇到了奥洛夫·摄尔西乌斯，一位当地著名的博物学家兼神学院教授。摄尔西乌斯是他的第一个大恩人，他向医学教授奥洛夫·鲁德贝克展示了林奈写的关于植物性状的论文，后者被深深地打动，直接为林奈提供了一份讲课的工作，当时他还只是一个大二的学生。在乌普萨拉，他还遇到了一个志同道合的同窗彼得·阿特迪（Peter Artedi），他们之间建立了深厚且长久的友谊，共同交流了如何对世界上的物种进行分类的想法。他们还达成了一个协议：如果他们中的一个人先行离世，另一个人将"承担一项神圣的使命，完成死者未竟事宜，并将成果公布于世。"可悲的是，阿特迪不幸英年早逝，林奈承担了这项使命。如果他们都活着，双名法可能是他们两个人共同的成果。

　　林奈经常去野外短途旅行以观察野外的植物，但在 1732 年，他开始了另一种完全不同的旅行。17 世纪初，奥洛夫·鲁德贝克曾到瑞典北部（当时那里被称为拉普兰，但今天使用它的萨米语的名字萨普米）旅行，但他的所有笔记和资料都在 1702 年的乌普萨拉大火中被烧毁了。鲁德贝克肯定和林奈提起过这次旅行及其令人沮丧的后果，激起了这位年轻的博物学家探索的欲望。于是，他出发了。这次行程由皇家科学学会支付费用，虽然没有达到他的预期，但也够用。

林奈从民族主义和经济的角度向该学会申请资金：一是一定要派瑞典人去，这样就不会让外国人从瑞典支付的费用中受益；二是那里肯定还有大量的矿产和生物资源可以造福国家。此外，他肯定是唯一一个了解自然界三个领域的瑞典博物学家。尽管后来他对行程有所描述，但他并没有真正出发去瑞典主流社会一无所知的地方。很久以前，传教士就到达了那片土地上最遥远的角落，萨米人也世世代代生活在那片土地上，所以这不是一次探索未知的旅程。但是对于林奈和博物学来说，这是一次发现之旅。在四个月的行程中，他到达了远至北极圈的北方，收集动植物的标本，并在他所到之处，努力观察着一切。

正是在这次旅行中，他第一次遇到了北极花属植物。当他登上乌普萨拉以北几天路程的"梅代尔帕德最高峰"诺比库伦山时，他的采集记录中就包括"Campanula serpillifolia"（林奈之前北极花的名称），以及一些苔藓和其他高山植物。在他死后才出版的《旅程日志》中，也没使用过北极花属这个名字，而是用以前的作者给这种植物起的名字。他甚至没有描述它，而对于他在行程中遇到的其他植物，比如青姬木属（*Andromeda*）的沼泽迷迭香（仙女越橘），他认真地描述它"就像传说中的一样"，浪漫地把它比作一个被龙威胁并锁在岩石上的少女。他在整个日记中强调了他的艰辛、他的发现和他自己作为一个卓越的冒险家的独特角色。他将该地区描述为未开发的、未知的、随时可以认领的地区，这是 18 世纪欧洲殖民者思维的常用表达方式。除了描述和记录"自然界的三个领域"，他还详细记录了萨米人的生活。一方面，他敬畏他们与环境和谐相处的能力；另一方面，他后来借用萨米文化的元素来达成自己的目标。林奈身着"拉普"服饰的著名画像是非常不合适的——他戴的是瑞典税务员的帽子，几乎可以肯定，

美国和加拿大太平洋海岸的北极花的花朵比其他地方的更狭长，这些种群被认为是长花变种。

他携带的萨满鼓是非法获得的。对萨米人的认同是林奈成为一名无畏、富有冒险精神的博物学家的主要原因，但是后来，他再也没有独自去过离家这么远的地方。

从北方安全返回乌普萨拉后，林奈夸大了他的行程，多说了大约 1 000 英里（约 1609 千米）行程，妄图从他的赞助人那里获得额外的资金。虽然他已经恢复了在大学的教学工作，但他还是缺钱，不过他又一次交上了好运。他得到一份工作，带着一个富人朋友的儿子去了当时欧洲博物探究的中心——荷兰。他还带上了首次出现北极花属名字的作品手稿——《拉普兰植物志》《植物学评论》和《植物属志》，这些作品都在 1737 年出版。

植物学界有一条不成文的规定，那就是不以自己的姓名来命名植物，但林奈似乎没有遵守。北极花通常被称为"林奈后来以自己的名字命名植物的……"。我们不知道他为什么决定让这种小植物成为他的标志，也许是它有作为国内茶产业的基础；或者是他在《拉普兰植物志》中记载了它在当地的药用价值，该记录来自阿特迪在瑞典中部的观察；还有一种可能，当他写下北方之旅的手稿准备出版时，他有了把它作为"他的"标志的想法。不管哪种可能，林奈都没有把这个名字归于自己，而是归于 1735 年在阿姆斯特丹遇到的扬·赫罗诺维厄斯（Jan Gronovius），他是林奈的崇拜者和支持者之一。在《拉普兰植物志》中，归功于赫罗诺维厄斯的北极花属这个名字只出现在插图上，在正文中，它被称为"PLANTA nostra"（我们的植物），林奈在日记中也使用这个名字。有人认为，林奈说服赫罗诺维厄斯接受这个名字的荣誉，是基于林奈在日记中使用了北极花属这个名字的假设。但事实并非如此，这一假设是基于 19 世纪时的翻译，该翻译将北极花（*Linnaea borealis*）这个名字添加到正文中。在他的旅行日记中，林奈只提到过一次这种植物名，其他都是"Campanula serpillifolia"。直到 1737 年，林奈到达荷兰后出版的大量书籍中，北极花属这个名字才出现，而且仅出现在事后准备的插图中。在他 1737 年出版的《植物学评论》中，北极花属被林奈自嘲似的介绍为"拉普兰的一种植物，就像林奈一样，卑微，无足轻重，被人忽视，开花时间很短，它和他很像"。这很不符合林奈的作风，他通常是一个自吹自擂的人。因此，也许他确实以自己命名，但把这个名字献给赫罗诺维厄斯；或者他没有，而是听从了赫罗诺维厄斯建议，既然如此喜欢这种植物，就应该以自己的名字命名。毕竟，赫罗诺维厄斯是一个真正的崇拜者。在最后，他写道："林奈的杰出之处在于，他为社会的利益进行了几次非常危险的考察，在这些考察中，他巧妙地调查了自然界的三个领域。"不管是谁创造了这个名字，只要是用它来纪念或者出版，北极花属都与林奈永远联系在一起，因为后来的植物学命名规则也是他创造的。

当我亲眼看到北极花时，非常吃惊。北极花确实是一种小植物，虽不是"卑微，无足轻重，被人忽视"的，但也不是那种能立刻吸引眼球的东西。但你一旦看到，就很容易认出它们。圆形的、有光泽的、常绿的叶子在黑暗的森林底层形成大垫层，这些叶子可能有几百年的历史。芳香的、下垂的粉红色花朵成对出现在叶子上方一个长约3厘米的长柄上，因此北极花又俗称双生花。该属下只有一个物种，广泛分布在北半球，在叶形、花

北极花有三种类型的芽：一种通过营养繁殖产生新的植物；一种沿着地面匍匐生长，水平伸展；最后一种发育成花序。

北极花果实上的粘毛将它们附着在路过的动物身上，将种子从母体植物上带走，从而建立新的、基因独特的种群。

形和花纹方面变化很大。北极花是一种自交不亲和的植物，这意味着自花授粉不会产生种子。这使得种群非常容易受到隔离的影响，特别是考虑到它可以无性繁殖，北极花属的一个种群可能就是一个单独的个体。这在阿尔卑斯山、落基山脉、朝鲜太白山脉和高加索山脉等山脉的南部边缘相对孤立的地区尤其如此，这些地区被认为是最后一个冰期的遗迹。

　　在苏格兰，北极花是受保护的植物。他们的研究表明，北极花主要的传粉者是各种蝇类。食蚜蝇传粉效率最高，但它们只能飞大约 1 米远；大黄蜂偶尔会在种群之间飞行更远的距离，但它们很少为北极花传粉。这意味着在这些北极花种群中，落在花朵柱头上的大多数花粉来自同一个个体，无法使胚珠受精。因此，北极花缺乏种子的原因不是缺乏授粉者，而是在各个种群间缺少相互之间的配对和交流。这导致北极花种群规模虽然大，但个体的种类很少。虽然蝇类在访花和传递花粉方面很有效率，但它们飞不远，因此阻碍了不同基因型植株间的传粉。如果没有种子被带到新的地区进行繁殖（果实被粘毛包裹，很容易附着在动物皮毛上），那么北极花的种群只能以克隆方式繁殖，特别容易受到偶然事件和环境变化的影响，从而导致局部灭绝。因此，尽管它在北半球有很大的分布范围，根据这个范围，它还不属于保护的种群，但北极花的种群特征表明，它非常值得我们关心和关注。林奈一直关心这种小小的植物，虽然用的是一种自我的方式。

北美木兰属（木兰属）（*Magnolia*）

皮埃尔·马尼奥尔（Pierre Magnol）

科： 木兰科（Magnoliaceae）
属下种数： 约 225 种
分布： 世界广布，非洲除外

北美木兰属的花以前被认为是早期被子植物或开花植物的花，比较"原始"。它们有许多数量不确定的独立部分呈螺旋状排列。在早期植物学家看来，这是一种进化的早期阶段，在花的这一阶段，它们有固定数量的萼片和花瓣，不同形态的雄蕊，以及多心皮融合成的一个单一结构，即子房。然而，系统发育研究加上花化石的发现，讲了一个不一样的故事。植物学家现在认为早期的花不是大型肥厚的北美木兰属的花，而是非常小的花。基于花化石的研究及设想，人们重建了原始被子植物花的结构，显示它的花结构可能是轮状或环状的，有未分化的花被、雄蕊和独立的心皮。北美木兰属植物代表了一个衍生类群，花的部分比那些早期被子植物的花要多，它们是螺旋状排列，而不是轮状排列，这是能承受更多花部的最佳排列的物理结果。北美木兰属那大型、肥厚、结实的开放的花吸引了甲虫前来寻找花粉——一种丰富的蛋白质。昆虫在花中找寻时，身上也会沾满花粉，同时也会碰触到柱头，从而实现传粉。也正是因为北美木兰属植物的花是由甲虫授粉的，所以它们的花部很坚韧，以抵御这些昆虫的活动免受伤害。

木兰果实是由多数离生心皮组成锥状结构，每个心皮都是一个蓇葖果，里面包含一粒种子，种子外面还有红色的假种皮。

欧洲植物学家看到的第一批北美木兰属植物来自加勒比地区。北美木兰属这个名字是查尔斯·普卢米尔（Charles Plumier）为马提尼克岛的植物创造的，是为了致敬与他同时代的法国蒙彼利埃植物学家皮埃尔·马尼奥尔（Pierre Magnol）。"他是功勋卓著的植物学家之一，早年学习医学，后来又拓展到植物学，出版过杰出的作品。"普卢米尔将马尼奥尔最后的作品之一，即 1697 年出版的《蒙彼利埃园林植物》（*Hortus Monspeliensis*），作为其杰出的主要原因。但马尼奥尔在他那个时代和后来的植物学家中享有崇高地位，不仅仅是因为这本蒙彼利埃植物园的植物名录。

皮埃尔·马尼奥尔来自法国南部朗格多克地区蒙彼利埃镇的一个药剂师家庭。蒙彼利埃是一个先进的国际化都市，阿拉伯医学和博物学在这里受到颂扬和重视。它也是香料贸易的中心，多种文化和思想的融合构成其社会结构的一部分，这里的医学院吸引了来自欧洲和其他各地的学生。1289年，该市建立了一个植物园，专门用于医学和药学的教学。植物学和医学的关系错综复杂，要成为一名医生，你必须了解植物。马尼奥尔在蒙彼利埃上大学，并在 17 世纪中期获得了医生资格。他还在该地区四处旅行，远至比利牛斯山和阿尔卑斯山，研究其原生地的植物。众所周知，他是一名出色的学生，以他的资历和学识，是大学医学教授的理想人选。但是，像欧洲大部分地区一样，当时的法国充满了宗教冲突和歧视。17 世纪初，蒙彼利埃实行宗教改革。该城市的人口主要是胡格诺派（加尔文主义新教徒），而不属于当时的国教——天主教。尽管法律赋予新教徒充分的公民权利，包括担任公职的权利，但是由于马尼奥尔是一名新教徒，教授职位最终被一位天主教候选人获得。

然而，这种缺乏晋升机会的情况并没有阻止马尼奥尔，他继续向医学生传授植物学知识，带领他们在当地进行考察，学习野外的植物和其他生物。根据这些考察中的观察和收集，他编写了《蒙彼利埃植物志》（*Botanicum Monspeliense*）。在书中，他按字母顺序列出了蒙彼利埃周边地区的植物，并对其形状和颜色进行了简短的描述，还注明了它们的用途、生长地点和开花时间。这本书看起来并不像我们今天的植物志或植物指南。首先，马尼奥尔

艺术家乔治·狄奥尼修斯·埃雷特（Georg Dionysius Ehret）每天从切尔西步行到富勒姆宫，去看伦敦初开的荷花玉兰（Magnolia grandiflora）。

是在 16 世纪末编写的，那是在我们今天所熟悉的植物双名法出现之前。其次，他使用的拉丁多项式，基本上是由几个描述性单词组成的短句。今天学名为欧白英（Solanum dulcamara）的植物被列为"SOLANUM scandens seu Dulcamarae"。最后，植物是按字母顺序排列，而不是按相似性或相关性排列。

今天的植物志通常是按照植物科来编写的，例如，所有的北美木兰属植物都在一起，便于识别和区分。这种植物科的概念就来自马尼奥尔，尽管他没有在他的《蒙彼利埃植物志》中使用它。大约在 17 世纪 80 年代末，马尼奥尔在更新植物志的同时，还出版了他最有影响力的作品之一——《植物通史》（Prodromus historiae generalis plantarum）。在这本书中，他根据相关的共同特征，如形态、各部位的数量等，将所有已知的植物分为 75 个组或类。对于这些组别，他使用了"与人类的家族相对应"的科（family）的术语。

马尼奥尔还指出了为什么依赖单一特征不一定有助于植物分类的核心问题，因为这样分出的类别有时相互冲突。在共同祖先的概念确立之前，提出自然分类的不同尝试都会遇到这个问题，亲缘关系"是个关键所在，但无法用语言表达。"今天的遗传方法论强调那些来自共同祖先的特征，使我们能够审视这些冲突，并从生物学角度解释它们。

随着《蒙彼利埃植物志》和《植物通史》的再版，马尼奥尔终于获得了他应得的地位，但也付出了代价。1685 年，给予新教徒地位的《南特敕令》（Edict of Nantes）被路易十四废除，使得他们受迫害或被迫移民，而皈依天主教就成为新教徒留在法国的唯一途径。许多胡格诺派教徒逃离法国，到瑞士、荷兰和英国等邻近的新教国家寻求庇护。马尼奥尔选择了皈依，成为一名天主教徒，为他在大学里晋升为公职开辟了道路。10年后，他获得了皇家委员会的委任，成为蒙彼利埃皇家植物园的植物学教授，这份工作终于有了保障。

尽管林奈非常钦佩皮埃尔·马尼奥尔和他的工作，但在他伟大的《植物种志》中并没有使用马尼奥尔的科系体系，即植物命名的二项式系统。然而，他确实引用了北美木兰属植物作为例子，说明基于人名的通用名应该如何反映植物和人的特征，他说："北美木兰属植物具有极灿烂的叶子和花朵，并以最杰出的植物学家命名。"林奈沿用普卢米尔的北美木兰属，将他所知

早春时节，喜马拉雅山的山坡上覆盖着一层粉红色，滇藏玉兰（*Magnolia campbellii*）像餐盘一样大小的花朵先叶盛开。

的所有不同类型的北美木兰属植物归为一个物种——白背玉兰（*Magnolia virginiana*）。这包括普鲁米埃看到的物种，现在被称为荷花玉兰（*Magnolia grandiflora*）。这种庄严的树守卫着通往美国南部种植园的林荫大道，在那里，奢华和苦难的日子共存于史。

今天，我们发现了大约300种木兰，通过基因组工具进行深入研究后，所有的木兰都被归入北美木兰属。长期以来，该属的分类在这个属和多达17个不同的属之间变化，部分原因是因为不同国家的分类学家之间的意见分歧。现在，人们的意见已经汇聚到一个大的、包容性强的北美木兰属上，同时他们认同15个分支，其中许多与以前认可的属相对应。北美木兰属是开花植物中展示最迷人的生物地理模式的属之一，它们是亚洲东部和北美东部之间的分界线。在19世纪中期，这种模式引起了查尔斯·达尔文和哈

白背玉兰（*Magnolia virginiana*）的花心有紧密排列的雄蕊和心皮，因为树皮散发香味，它的俗名也叫香月桂或月桂木兰。

佛植物学家阿萨·格雷（Asa Gray）的兴趣。

我们能够在相距甚远的亚洲和北美的多样性中心发现同一属的物种，这种分布模式的存在，是因为过去存在一片更广泛而后被割裂的北温带植物群。我们了解了大陆如何在地质时期移动和改变位置，就也能知道这种移动彻底改变了我们今天对地球表面的植物分布模式的看法。亚洲东部和北美之间的断裂有多种解释：这包括横跨劳亚古陆的广泛植物群在中间地带的灭绝；在第三纪嗜热（喜温）落叶林在大发展时期穿越横跨大西洋和太平洋的大陆桥的植物迁移；以及海洋上的远距离扩散。我们目前观察到的模式，也就是阿萨·格雷所说的，不只是单一过程的结果，而是从第三纪前到第四纪几个不同时期的综合结果。

亚洲东部和北美东部的温带地区是北美木兰属植物的多样性中心，但它在亚洲和美洲的两个半球的热带地区多样性也很显著。北美木兰属植物内部的关系并不以地理为界划分成组，相反，许多单系包含来自两个地区的支系（密切相关的物种群体）。分子系统发育分析的结果表明，北美木兰属热带群体的分离发生在始新世早期到中期（约 4 700 万年前），它们通过北大西洋陆桥从欧亚大陆散布到美洲。这些热带的北美木兰属植物在这两个地区非常相似，它们都有常绿的叶子和球状的、有时是肉质的果实，它们一起成为该属其他植物的姐妹群。就像南北战争前美国南方的缩影，荷花玉兰就是其中之一。另外，温带北美木兰属植物通常是落叶的，它们是先叶开花植物，这些物种通常是广泛栽培的北美木兰属园艺种的亲本，在北温带，它们是春天的使者。温带的北美木兰属支系通过后来的北大西洋的大陆桥实现了间断分布，主要是从亚洲向美洲扩散。位于欧亚大陆和北美洲之间的太平洋白令陆桥（人类通过它到达美洲）似乎在北美木兰属植物的分布中不起作用——它们的分布模式形成的更早。

在欧洲许多地区都发现了北美木兰属植物化石，在伦敦始新世黏土矿中，也发现了保存完好的当时的热带植物群化石，是几种北美木兰属植物的混生。随着大陆移动和洋流的变化，气候也发生了变化，后来，在很长一段时间里，寒冷和干燥气候循环往复，导致这些物种不再繁衍生息，直至灭绝。今天，欧洲已经没有了本土的北美木兰属植物。

随着种群被这些气候条件分开，北美木兰属植物种群和森林的其他元素也被分割，它们本身也在不断地进化和变化，分化成多样化的物种，因此，一个地区的物种与同一地区的其他物种关系最为密切，但也与遥远地区过去相邻的种群有关。亚洲东部温带的北美木兰属支系比北美东部的更加多样化，这也是由几个因素造成的。亚洲东部的地形和栖息地环境多样性更强，北美东部的冬季更寒冷，这两个因素也许都会导致北美木兰属植物在不适合生存的地区灭绝率更高。但它们仍然顽强的活着，而且绚烂得足以让普卢米尔和林奈把杰出的植物学家皮埃尔·马尼奥尔与这些壮丽的树木联系在一起，它们巨大而松散的花也让无数人浮想联翩。

倚凤花属（*Megacorax*）

彼得·雷文（Peter H. Raven）

科： 柳叶菜科（Onagraceae）
属下种数： 1
分布： 墨西哥东北部

　　当看到倚凤花属（*Megacorax*）这个名字，你不会立即联想到一个人，但它确实是以一个人的名字命名的。当植物命名在欧洲开始时，拉丁语只是学术语言。因此，在林奈系统中创造的植物名称默认是起源于古代语言——拉丁语和希腊语。卡尔·林奈在他关于如何命名属的格言中说："没有一个理智的人会把'原始词'作为属名。……众所周知，'原始词'是指没有根、没有派生、没有意义的词。"（译自拉丁文原文）倚凤花属（*Megacorax*）看起来可能就是这样一个名字，但它确实有词根、派生和意义。"Mega"来自希腊语，意思是大或伟大，"corax"是希腊语中的"raven"；这个组合是为了致敬植物学家彼得·雷文（Peter H. Raven），他是当今环境保护和可持续利用的最主要倡导者之一。倚凤花属还以另一种方式致敬雷文，因为它是柳叶菜科（Onagraceae）的成员，而对这类植物进行研究和分类的正是雷文。该属的名称是一种文字游戏，所以仅在列表中看到它时，你可能不会猜到它是为了纪念一个人，但它确实如此。

　　很多新属都是通过分析新的特征（如 DNA 序列或结构的微小细节）后才被划分成独立的属，但倚凤花属不是。当植物学家们在墨西哥中北部山区的野外工作时，一看到它就确认它是一个新属。近年来，一些研究表明，许多尚未被科学描述的植物是在植物标本馆中发现的，而大约四分之一的新物种是根据 50 多年前收集的藏品描述的。它们都是标本纸上的干燥植物。所以当科学家在野外发现一个新属时，这种兴奋无以言表！这种植物的特征很奇特，它们不属于任何一个公认的科属，但与另一个墨西哥特有的舞凤花属（*Lopezia*）植物有一些共同特征。而倚凤花属也不太适合归为舞凤花属，所以仍然没研究清楚它的进化关系。后来，通过 DNA 测序分析表明，倚凤花属是舞凤花属的姊妹群，这两个属形成了明显的单系群，其本身也是大多数柳叶菜科多样性的姊妹群。但问题仍然存在，倚凤花属是否还有其他成员？它是常见种还是罕见种？描述一个新属只是了解它的第一步。

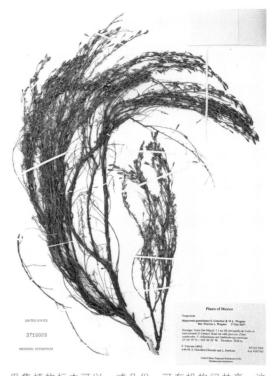

采集植物标本可以一式几份，可在机构间共享。这张来自史密森尼学会博物馆的倚凤花（*Megacorax gracielanus*）在许多墨西哥标本馆中都有副本。

虽然在该地区只发现了倚凤花属的两个种群，但实际上它的种群可能有更多，因为在杜兰戈州科内托山鲜为人知的山区无路可行。杜兰戈州是墨西哥北部所有州中植物多样性最丰富的，部分原因是它处于中心位置，干旱的奇瓦瓦沙漠的东西两侧分别被东马德雷山脉和西马德雷山脉的主要山脉所包围，其生境从松树橡树林过渡到热带雨林再到干旱的沙漠。科内托山脉是西马德雷山脉东侧的一个孤立的火山山脉，松树和橡树林散布在开阔的岩石坡上，土壤呈酸性。在植被调查中，就是在这些岩石地区的灌木丛中发现了倚凤花属植物。确认了它是新属之后，植物学家再次回到该地，发现在这里倚凤花比较常见，它甚至是低矮灌木层的主要组成部分。之前之所以罕见，可能只是因为没有人在墨西哥的这个地区进行采集。

倚凤花属的花是典型的柳叶菜科植物，有四个花瓣和四个萼片，但它有两轮八个雄蕊，这是它在这个科中罕见的特征之一。

与倚凤花属一样，我们对很多其他植物分布和数量的了解还远远不够。我们可以采取多种形式进行植物采集，从对一个以前采样不全的地区进行重新探索并采集所有植物，到有针对性地寻找 DNA 测序分析所需的一种特殊植物，再到两者之间的随意组合。在野外采集和观察植物，并将它们视为环境中的有机整体，而不仅仅是 DNA 序列或一系列的特征，从一开始这就是彼得·雷文植物学研究的核心内容。

1936 年，彼得·雷文出生于中国的繁华都市上海。他的父亲在家族银行工作，所以他们家是繁荣的外籍金融界的一部分。但是灾难降临，在大萧条的余波中，银行开始倒闭，他的叔叔是银行经理，因被指控财务管理不善而入狱，先是在中国，然后在美国。因此，当时大约一岁的彼得和他的父母搬回了加州，那是他父母的家人所在地。这次搬迁正好在日军侵华占领上海以及中国其他地区之前。

在旧金山长大的彼得·雷文成为当地博物协会的成员，与当时许多著名的加州植物学家会面并交流，如加州科学院的爱丽丝·伊斯特伍德和约翰·托马斯·豪厄尔。他对植物怀有极大的热情，对该领域有浓厚的兴趣，让他很快成为加州本土植物协会的中流砥柱，随之开始进行自己的标本收藏。像许多年轻的博物学家一样，他的兴趣在甲虫和植物之间摇摆不定，但他最终选择了植物，使植物学界多了一位优秀的植物学家。在描述他当时的收集冲动时，彼得说："我收集植物是因为我想了解它们，了解所有的植物。"

对加州植物群的热情伴随着彼得度过了他的大学时光，不管在他的本科生时期，还是博士生阶段，"与其说他是科学家，不如说他是（植物）爱好者"。他的博士论文的研究对象是柳叶菜科，像往常一样，雷文在野外对这些植物进行深入研究。他还对植物与动物的相互作用产生了极大的兴趣，后来，他与保罗·埃利希（Paul Erhlich）在共同进化（植物和动物如何相互作用并协同进化）方面进行了深度合作。

获得博士学位后，为了增加他的阅历，雷文去伦敦做博士后。在那里，一位年轻的植物学家同事将他描述为"加利福尼亚的奇才"，令人难忘的是"他的手动打字机的响声，通常在死一般寂静的主标本馆中回荡，但这并不是所有人能感到的快乐。"雷文的工作态度始终具有传奇色彩。他利用在欧洲的时间查阅美国没有的旧藏品，并在野外采集和调查欧洲柳叶菜，通过这些研究，雷文巩固了自己作为这个领域后起之秀的专家的地位。

回到加州后不久，他就在斯坦福大学进化生物学的新兴领域任职，年仅 26 岁，比他的学生大不了几岁，所以正如他所说："我学会了展现自己的个性，寓教于乐……重要的是保持清醒的头脑。"他的课有的在教室里，当然也有的在野外。在斯坦福大学，他与埃利希的合作有了成果，这源于他们对自然界事物运作方式的共同迷恋。20 世纪 60 年代末，他进行了他

彼得·雷文（生于 1936 年）站在中国台湾山区的玉山竹林中。他热爱植物，总想亲身体验它们，即使是在编辑访问他时也是这样。

的第一次热带之旅，并许下了一生致力于保护和可持续发展的承诺："我知道我必须尽我所能，努力避免我们在世界各地看到的生物多样性的巨大损失。"

就在去斯坦福大学之前，他有了另一个顿悟，改变和拓宽了他的关注点，使他不再像一个学术植物学家那样更深入地钻研他或她的专业课题。他意识到他可以通过帮助他人对科学产生影响，他开始鼓励和帮助他人完成为地球上的生命编制名录这一宏伟任务。1971 年，他调往圣路易斯的密苏里植物园担任主任，这使得他所有的梦想得以实现。在他的新基地，他利用一切机会加强和提高花园在植物名录方面的作用，特别是在世界上收集和了解较少的地区。1911 年，阿尔弗雷德·拉塞尔·华莱士（Alfred Russel Wallace）出版了《生命的世界》（The world of Life）一书。他可能从未看过这本书中的建议：

"一定有成百上千的年轻植物学家……他们会很乐意去收

集，……如果他们的费用得到支付的话……。对于我们的一些百万富翁来说，这是一个很好的机会，可以在这些壮丽的森林被肆意砍伐或破坏之前进行这项重要的科学探索……这一工作肯定会发现大量有用或美丽的植物，……"

但是雷文的想法与这如出一辙。有许多年轻的植物学家渴望去"这些壮丽的森林"（指热带地区）进行采集。我就是其中之一，而且这段经历深深地影响了我后来的职业生涯。雷文的方法独一无二，包括加强当地机构和壮大植物学家队伍，甚至在全球一些生物多样性热点地区（如马达加斯加和秘鲁）建设新机构。他的信念是众人拾柴火焰高。他影响了很多人，那些直接受雇于花园的采集者、他自己的学生以及很多他在工作或生活中帮助过的人。

对植物多样性编制名录不是一个简单的集邮事业，雷文自始至终的动力是保护快速消失的自然栖息地。他通过对保护地球的倡导将人类活动导致的热带森林砍伐和环境变化问题带给了更多的人。他孜孜不倦地说服那些"百万富翁"支持植物研究，并在森林永远消失之前保护它们。

植物一直是雷文生活的中心。他一直关心人们要如何认识和了解它们，如何保护它们，如何使它们成为我们生活的中心。我们用仍然鲜为人知的倚凤花属来纪念他对柳叶菜科的终生研究，再恰当不过。用他的话说，这个属名"意思是令人尴尬的'大乌鸦'！"关于这个属，还有很多亟待发现。

彼得·雷文，那个"大乌鸦"，以身作则，帮助和支持他人，表明不能将科学和可持续性发展割裂开来，并继续为我们周围的世界进行科学探索而大声疾呼。他把话题、人物和倡议融为一体的能力是首屈一指的。借用他的话来结尾："我们不能找任何借口来自我满足和不作为。我们不能只是假设'他们'会找出所有这些（社会和环境）问题的解决办法。我们大家，我们所有人一起，才能把世界变得更美好，我们必须，从现在开始。"

元丹花属（*Meriania*）

玛丽亚·西比拉·梅里安（Maria Sibylla Merian）

科： 野牡丹科（Melastomataceae）
属下种数： 约 116
分布： 墨西哥、加勒比群岛和南美洲

  自林奈时代以来，植物学家主要依靠花和果实（植物的生殖器官）的形状和颜色识别植物。仅凭叶子来识别还没开花结果的植物是非常困难的，尤其是在热带地区。在热带森林工作的生态学家，如果拿着没有花或果实的枝条寻求传统植物学家的帮助，可能会面临一声叹息。DNA 测序在很大程度上可以提供帮助，但在多样化的热带雨林中快速识别植物甚至精确到科的能力是一种真正的本领。不过，有一个科很容易仅凭叶子就能辨认——野牡丹科（Melastomataceae）。野牡丹科的叶子很容易辨认，它们几乎总从叶基伸出几条主脉，并由梯形的次级脉络互相连接。在热带地区，这种有规律的排列代表着它们是植物学家最先识别的开花植物科之一。

  野牡丹科主要分布在热带地区，只有少数物种延伸到温带地区，如美国南部的鹿丹（*Rhexia virginica*）。野牡丹科有三分之二的属来自美洲热带地区，包括开花植物中最大的属之一绢木属（*Miconia*），它包含 2 000 多个物种。野牡丹科的花和叶子一样独特，花药通常有角或奇特的附属物，散粉时，它从顶端张开一个小孔，而不是像大多数开花植物那样，从花药侧面裂开一条缝。野牡丹科植物的孔裂花药表明其有专门的蜜蜂授粉系统，称为蜂鸣传粉（见茄花木属 *Sirdavidia*），因为在昆虫访问期间可以听到蜂鸣声而得名。野牡丹科大多数植物都有蜂鸣传粉的花，但元丹花属植物已

通过对生叶序及其独特的阶梯状脉序，我们能立即认出安第斯山中开着巨大花朵的长叶元丹花
（*Meriania speciosa*）是野牡丹科的一员。

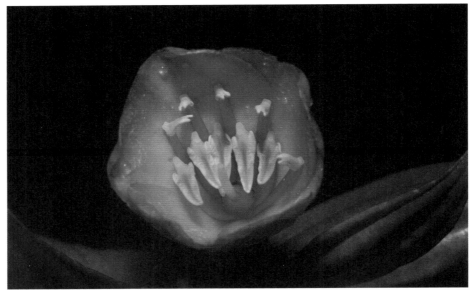

来自古巴的狭叶元丹花（*Meriania angustifolia*）不是蜂鸣授粉的花，而是有一个"多种脊椎动物"的授粉系统。它可产生花蜜，当动物碰触花粉以获取花蜜时，花粉会像盐一样从孔中抖出来。

经变得多样化，它可以吸引脊椎动物前来授粉。可以肯定的是，许多元丹花属植物仍然是蜂鸣传粉［如长叶元丹花（*Meriania speciosa*）］，但其他物种的雄蕊高度特化，并排列成有利于脊椎动物授粉的方式。一些雄蕊可产生花蜜，其他雄蕊有球状的附属物，作为来访鸟类的食物。产花蜜的元丹花属物种，白天被蜂鸟等鸟类拜访，晚上被蝙蝠或啮齿动物拜访，这可能是进化出了全天候利用传粉者的一种特别方式。

　　元丹花属植物是一种典型的野牡丹科小树或灌木，具有梯形叶脉，在同一朵花中具有不同形状的角状花药。与大多数野牡丹科植物不同的是，它们的花大而艳丽，在多数物种中，带有突起或附属物的花药左右对称的排在花的一侧。元丹花属由瑞典植物学家奥拉夫·斯瓦茨（Olaf Swartz）根据在加勒比地区采集的植物命名，以纪念昆虫学家和博物学家玛丽亚·西比拉·梅里安（Maria Sibylla Merian），她的苏里南植物和昆虫的标本和绘画作品，第一个描述了热带植物与昆虫的相互关系。斯沃茨的致辞充分肯定了梅里安的植物学和昆虫学贡献：

"纪念出生于美因河畔法兰克福的玛丽亚·西比拉·梅里安，她曾到过苏里南，在她那本精妙绝伦的书《苏里南变态昆虫图谱》（*Metamorphosis of Surinamese Insects*）中，展示了很多植物学家现在才知道的植物。"（译自拉丁文原文）

　　斯沃茨以玛丽亚·西比拉·梅里安为元丹花属命名，并不是因为她采集或描绘了这种植物，而是因为她对热带植物研究的深远影响。她不仅在植物学方面有开创性的研究，她在其他很多工作上也都具有开创性。在 17 世纪，她是第一位在热带地区独立研究自然的欧洲女博物学家。她出生于 1647 年，在一个雕刻家和艺术家的家庭中长大：她的父亲是一位雕刻家，她的继父是一位著名的花卉画家。因此，从很小的时候起，出版和艺术就成为她日常生活的一部分。她协助继父雅各布·马雷尔为荷兰市场画花以获取丰厚的报酬。她在年轻时就对昆虫感兴趣。当她看到蚕变成了飞蛾，她就开始记录和描绘它们的生命周期："我意识到，除了蚕之外，还有更多可爱的蝴蝶和飞蛾由毛毛虫破茧成蝶。这激励我收集所有我能找到的毛毛虫，以观察它们的变化。于是我辞去社会工作，专门从事这项研究。为了画好它们的生活史，我努力练习绘画，我把我能找到的昆虫全都画了一个遍……"

　　在 17 世纪中叶，人们对昆虫的蜕变现象仍不甚了解。今天我们知道，各种昆虫（苍蝇、蜜蜂、黄蜂、蝴蝶和飞蛾）在它们的生命周期中，都经历了显著的变化，从幼虫到成虫，形

玛丽亚·西比拉·梅里安（1647—1717），在她有生之年被公认为科学家，这对一名女性来说是极不寻常的。这幅肖像画中围绕在她周围的博物藏品代表了她作为专家的地位。

状完全不一样。希腊哲学家和自然学家亚里士多德将所有动物都描述为胎生（生出活的幼体）、卵生（幼体从卵中孵化）或虫生（从腐烂的物质中自发产生的虫子）。蛆虫和毛毛虫（苍蝇和飞蛾的幼虫）是虫生的，是自发生成的产物。梅里安出生两年后，以描述人体循环系统而闻名的英国科学家威廉·哈维（William Harvey）对亚里士多德的自发生成论提出异议，认为蛆和毛毛虫实际上是卵，这些昆虫是卵生的。他把移动的、进食的幼虫称为发育过程的"不完全卵"阶段，而静态的、不可移动的蛹是"完美的卵"阶段。荷兰科学家简·施旺麦丹（Jan Swammerdam）对昆虫发育的这种想法又提出了异议，与哈维相反，他认为从幼虫到成虫的过渡是一系列明显的变化，是一个成长的过程。玛丽亚对他所做的工作比较熟悉，因此，在

玛丽亚开始研究丝蛾和其他蛾类和蝴蝶的毛虫时，这种从卵到毛虫、到蛹、再到成年飞虫的转变仍然存在着相当大的争议。

梅里安在 18 岁时与她继父的学徒结婚，很快有了两个女儿。梅里安一家搬到了纽伦堡，她在那里给富商和贵族的女儿们上绘画课，使她有机会进入花园继续研究昆虫的生命周期。她还通过制作流行的花卉画、雕刻以及植物和昆虫的刺绣图案来赚钱。不寻常的是，她不仅描绘了与花有关的昆虫，而且还对它们进行详细研究。她收集毛毛虫并将其饲养成蝴蝶或飞蛾，这看起来似乎很容易，但要把毛毛虫饲养到成虫，不仅需要耐心，还需要了解它吃什么叶子，多久更换一次食物，以及在哪里可以找到这些贪

梅里安对植物及其特殊昆虫的描绘是创造性的。在这里，天蛾以辣椒的叶子为食，这有点奇怪；同一种植物上有几种类型的辣椒，这也不像她的昆虫那样准确！

吃的生物食用的大量的叶子。这是一项专门的工作。

1679 年，就在全家回到法兰克福之后，梅里安出版了她关于昆虫生命周期的书《毛毛虫》（*Der Raupen*）的第一卷。她的婚姻并不幸福，当她继父去世后，她离了婚，带着女儿们和守寡的母亲一起生活。她有个继兄叫卡斯帕，他加入了荷兰弗里斯兰省沃尔沙城堡的拉巴迪派团体。梅里安及其母亲和女儿也很快也加入了该团体。这是一个由法国教士让·德·拉巴迪创立的新宗教团体。他们的信条包括：集体所有制、男女绝对平等、相信所有人都是牧师，以及如果一方不遵守团体的价值观，婚姻可以解除。

母亲去世后，玛丽亚和她的女儿们搬回阿姆斯特丹，以博物标本交易和花卉绘画为生。她在阿姆斯特丹富人的藏品中看到了昆虫，这激发了她考察热带地区的兴趣，这是一次"梦寐以求的苏里南之旅"。为什么是苏里南呢？一是因为在 17 世纪，荷兰人为了制糖，控制了南美洲北部；二是因为苏里南的总督是科内利斯·范·阿尔森·范·索梅尔斯迪克，他的家族曾将沃尔沙城堡赠予拉巴迪派。通过卖画和标本，梅里安奇迹般地为她和她的未婚女儿多萝西娅赚够了前往热带地区的费用。玛丽亚·西比拉·梅里安，一个 52 岁的单身妇女，能得到阿姆斯特丹市的许可，允许她在女儿的陪同下以研究博物为目的前往苏里南，这说明她在社会高层中的地位是非比寻常的。她们参观了由荷兰殖民者经营的种植园，那里有大批奴隶在工作。玛丽亚厌恶地描写了被奴役者的残酷生活。她和多萝西娅加入了荷兰拉巴迪派拉普罗维登蒂亚甘蔗种植园的精英团体，那是苏里南最南端的荷兰前哨站。两个女人在那里收集毛毛虫和昆虫，观察青蛙、蟾蜍和蛇。她们大部分工作都集中在这些动物的生命周期上，收集毛毛虫并饲养到成虫，将幼虫和成虫阶段关联起来。玛丽亚早期在欧洲也是如此，但在热带地区，这项工作更加困难：很难找到可供毛毛虫食用的植物；高温使采到的叶子快速枯萎；黄蜂和蚂蚁会吃掉正在发育的毛毛虫；有寄生虫在毛毛虫身上产卵，最终从蛹中出来的不是蝴蝶，而是寄生蝇。我和一位同事曾经在热带地区饲养过毛毛虫，喂食、清洁和收集食物的过程没完没了。我们把发育中的毛毛虫放在小塑料盆里，但玛丽亚和多萝西娅当时只能把毛毛虫放在木箱里，要防止它们变干或发霉，肯定要难得多。

　　她们原本计划在苏里南停留五年，但一年多后她们就回家了。因为玛丽亚生病了，可能是得了疟疾。尽管她生病了，在返回欧洲的航程中，蛾子羽化，她又开始工作。1701 年，她们带着收集的活体和制成标本的动物回到阿姆斯特丹，售卖给喜欢博物标本的收藏家们。她与当时的许多学者都有通信往来，她们都急于看到她的发现。她和多萝西娅一起准备出版她的作品。她们既画画，又做版画，并利用那些提前认购作品的人提供的资金，雇用雕刻师傅来帮助她们。这部作品在英国被宣传为由"那个好奇的玛丽亚·西比拉·梅里安"创作的。我怀疑这个好奇有两种含义：一是这本书的作者是一位女性，这在 18 世纪早期是不寻常的；二是她对自然界绝对充满了好奇。

　　其结果就是斯瓦茨所引用的"精妙绝伦"的书《苏里南变态昆虫图谱》（ *Metamorphosis Insectorum Surinamensium* ）于 1705 年以荷兰语和拉丁语出版。它的插图是博物观察的杰作，也是第一部准确描述了生态相互作用细节的著作。这部作品不是在野外完成的，而是后来根据笔记完成的，所以有些细节上的错误，比如：有一些毛毛虫并不在它们的宿主植物上，有一些昆虫有点脱离现实。但尽管如此，这不是仅凭干燥的或钉在墙上的标本想象出来的，而是一个在野外仔细观察过的人所描绘的热带生态环境。她的观察结果和插图在当时的科学界被大量论述和使用。梅里安于 1717 年去世。几十年后，瑞典植物学家林奈用她的插图作为热带美洲新植物物种的证据。这些插图也成了她之后的探险家和博物学家的灵感源泉。正如斯瓦茨在为元丹花属所作的献词中所说的那样，她对植物和与之相关的昆虫的描述，不仅带给大家新的植物，还揭示了自然界中相互作用对地球生命研究的重要性。

红雀椿属（*Quassia*）

夸西（Kwasi）

科： 苦木科（Simaroubaceae）
属下种数： 2
分布： 热带美洲和非洲

　　瑞典植物学家卡尔·林奈不但为我们提供了双名法系统，他还列出了一系列"格言"或规定，指导大家以他认为正确的方式从事植物学工作。以属名纪念植物学家时应该慎之又慎，就是他对植物命名的规定之一。因此，当我们知道红雀椿属（*Quassia*）这个学名，不是为了纪念一位著名的欧洲植物学家，而是为了纪念一个以前被奴役的非洲后裔时，这非比寻常。在红雀椿属的原始描述中，没有提到以"夸西"（Quassi）的名字命名，但是第二年，在林奈的学生之一卡尔·马格努斯·布洛姆（Carl Magnus Blom）的论文中，详细论述了该植物及其用途，并提到"仆人夸西"是植物标本的来源。

　　夸西，常用名是 Kwasi，曾经是一个西非的奴隶。年轻时于 17 世纪初被带到苏里南，在涅卫蒂莫蒂博种植园工作，因此，他还有一个名字是夸西·范·涅卫蒂莫蒂博（Quassie van Niewe Timotibo）。我们不知道，他的名字是来自苏里南，还是来自非洲。在非洲，夸西在加纳的阿肯语中意思是星期天出生的孩子。夸西的主要工作是为种植园主搜寻"马龙人"。他们是逃离种植园并与苏里南内陆的原住民合作，建立独立村庄，小心翼翼地捍卫着自由和独立的奴隶。而他，被称为殖民者的帮手，并被马龙人赋予了另一个名字——白人夸西，他们口头上仍然将他描绘成一个间谍和叛徒。通过对内陆地区的探索，他接触到南美洲北部的原住民，并从他们那里学到了很多关于植物药用和巫术的用途。他是一个传奇式人物，人们对他既尊敬又畏惧。在他死后不久，有人写的一篇关于他的文字就给人这样一种感觉：

> "黑人夸西，他发现了一种树，后来植物学家以他的名字给此树命名。他的巫术闻名于苏里南，在很长一段时间内，引起了大多数殖民者的关注。他经常被雇用到其他种植园去寻找黑人中的投毒者。人们向他咨询各种疾病。他才智过人，几乎一直生活在印第安人中间，并从他们那里获取大量的知识。他的语气简朴而威严（他也有着巨大的身材）……，这些都为他赢得崇高的地位，人们尊他为一个传达上帝命令的牧师。"

由于他在殖民者与马龙人的长期斗争中有突出贡献，他获得了解放。他继续追捕马龙人以获得赏金，并充当白人殖民者与之前的奴隶部队之间的联络人，他们联合起来一起对抗马龙人。后来，他摇身一变，也成了种植园主，并奴役和贩卖在欧洲人到来之前就已经在苏里南的土著人。他是一个著名的巫医，关于植物的魔法用途只有他自己知道。

在 18 世纪 50 年代中期，年轻的瑞典植物学家丹尼尔·罗兰德（Daniel Rolander）被派往苏里南为林奈采集植物，他在日记中写道："我曾在多个场合与夸西交流，他对自己的知识守口如瓶。他说除非收到一大笔钱，否则不会透露任何信息。"罗兰德可能采集了红雀椿属的标本，但林奈并不是在这个地方第一次看到这种植物，它被认为是"苦木"的来源。罗兰德和林奈大吵一架，导致林奈未得到任何苏里南的标本，罗兰德也因为林奈的命令而被当时的科学界所封杀。林奈用来描述红雀椿属的植物是由涅卫蒂莫蒂博种植园的主人古斯塔夫·达尔伯格寄给他的，显然是他从夸西那里买到了信息。

夸西声名远扬，1776 年，他去了荷兰，在那里见到了奥兰治的威廉王子，并且又得到了一个名字"著名的格拉曼·夸西"。在这次访问中，他抱

S.Edwards del   Pub. by W.Curtis, St Geo: Crescent Nov. 1.1500   F.Sansom sculp

红雀椿（*Quassia amara*）不仅有鲜艳的红花，还有红色叶脉，叶轴上叶状翅也非常明显，很容易辨认。

The celebrated Graman Quacy.

夸西使用苏里南药用植物的本领，至少有一部分是从当地讲加勒比语的土著人那里学的，这让殖民时期的欧洲人对他既尊敬又畏惧。

怨达尔伯格从红雀椿上发了大财，而他却只得到了微薄的报酬。他在苏里南殖民社会中的角色和地位极具影响力，但也存在矛盾。尽管殖民者依赖他并对他的巨大才能充满敬畏，作为一个曾经被奴役的非洲人，他可能从未完全融入殖民社会。他在社会中的地位是不寻常的。当时，大多数原住民或奴隶对科学的贡献也相当重要，但是他们并没有被提及，并淹没在历史长河中。

我们不清楚夸西是如何了解红雀椿的药用价值的。当时，他发现这种植物可作为退烧药，但其他人并不认同，他们说这种植物在很久以前就是一种著名的治疗疟疾的药物。有可能是他经常来往于苏里南原住民中，从他们那里学到了树皮的用途。红雀椿属的另一个品种，与南美洲北部的植物关系很近，它也分布在西非的森林中。因此有人认为，也许他对其用途的了解来自非洲的奴隶。非洲红雀椿（*Quassia africana*）在其原产地并不用于治疗疟疾，苏里南对这种植物的俗称也没有反映出它与非洲相关，因此，似乎不太可能是奴隶们将非洲植物的知识转移到美洲的植物上。有很多证据表明：奴隶们转移这种用途的原因，可能是因为来自西非的人们认为美洲的红雀椿（*Quassia amara*）与他们家乡用作补药和杀虫剂的红雀椿相似，尽管它们的外观非常不同。这两个物种虽然是姊妹群，但看起来差异很大：非洲红雀椿的叶轴没有叶状翅，花短管状，白色；而红雀椿的叶轴上有明显的叶状翅，花长管状，红色，这可能是对蜂鸟传粉的一种适应。

最近，结合语言学和标本记录进行的研究表明：林奈所描述的红雀椿属植物，也是唯一的美洲物种红雀椿，根本不是苏里南和南美洲北部的本土物种。通过追溯最初的采集和俗名，植物学家认为红雀椿是由讲加勒比语的土著人随同欧洲殖民者从中美洲带去南方的。他们认为："因此，在苏里南'发现'红雀椿的药用价值，似乎是讲加勒比语的美洲印第安人因其药用价值而输入该物种，并传授给了西非人。然而，这件事没有留下任何记录。"在苏里南，夸西普及了红雀椿属植物治疗疟疾的方法，随后，这种植物被欧洲殖民者传播到整个地区。人类在全球范围的迁移，掩盖了很多植物真正的原产地。人类足迹无处不在，这不仅仅存在于后哥伦布时代。全球化是一个非常古老的命题。

　　为什么红雀椿属植物用处如此之大？在夸西的苏里南，它被用来治疗多种疾病，从消化系统的不适到疟疾，再到蠕虫和寄生虫。一种被称为苦木的木材，在其被真正命名之前就已经被大量进口到欧洲，其价值在于从木材中得到的极苦的提取物。苦味物质作为退烧药有着广泛的用途，而茜草科植物金鸡纳树树皮的提取物——奎宁，就是这种化合物之一。由于这些物质对虫子有杀灭作用，它们能够治疗由各种寄生虫引起的胃病，也经常被用作杀虫剂和驱虫剂。无论是对那些传统上使用它们的人还是对欧洲殖民者，这类植物都有巨大的价值。例如，在 17 和 18 世纪欧洲国家之间的权力斗争中，金鸡纳树皮就发挥了重要作用。西班牙人严格控制它的供应，致使人们到处寻找替代品，其中之一就是苦木。

　　使苦木木材产生苦味的化学物质之一是苦木素，它是自然界中已知的最苦的物质之一。用水浸泡就可以提取到它，很显然，浸泡后的木材可以被多次使用。在圭亚那，苦木的传统用法是用树叶制茶，但在欧洲市场上备受推崇的出口产品是木材，因为它更方便运输。在关于"苦木"的论文中，林奈将苦木的功效与金鸡纳树皮以及欧龙胆（一种以苦味著称的欧洲植物）进行了对比，根据他对各种疾病患者的实验，他认为这种药物最值得购买，它也是美洲最新出口量最大的产品之一。

　　但是，苦木从来没有像金鸡纳树树皮那样作为治疗疟疾的药物占领市场。居住在"新格拉纳达"（今天的哥伦比亚）的西班牙植物学家塞莱斯蒂诺·穆蒂斯（Celestino Mutis）认为：一种来自圭亚那的树皮，很可能是红雀椿，远不如真正的金鸡纳树树皮，因此不值得考虑。当欧洲列强试图控制世界其他地区的土地时，科学和国家再也分不开了。在19世纪，英国人和荷兰人一从西班牙人手中夺取了金鸡纳树贸易的控制权，金鸡纳霜就成了欧洲殖民者的首选抗疟药物。而苦木的重要性仅限于当地。

19世纪，红雀椿作为一种草药补品出现在美国和欧洲各国的药典中，最近，它被用于治疗包括几种癌症疾病在内的多种医学试验。从红雀椿中提取的化学物质甚至被用作有机农业杀虫剂，难以置信的是，它对无害的昆虫没有任何不良影响。那些对人类活动有害的生物，无论是致病的还是破坏我们的食物来源的，它们都不断对我们使用的化学药品产生抗性，而自然界，已经成为寻找新控制方法的巨大的天然实验室。

在21世纪初，对圭亚那疟疾的传统治疗方法的研究表明，最常用于治疗和预防的植物是红雀椿。他们还从中提取了一种化合物（simalikalactone E）并申请了专利，它是传统上长期使用的苦木素之一。该专利的申请在法属圭亚那引发了一场争论，被称为"夸西事件"，取自红雀椿的当地俗名。争论围绕利用传统知识获取金钱利益和违反《名古屋议定书》（与《生物多样性公约》相关的全球协议之一）原则的问题，要求专利申请者与科学发现的原创者分享利益。有关这一专利的法律纠纷一直持续到今天。

今天，我们使用科研人员的成果时，事先让他们知情并取得同意是理所当然的。我们努力遵守，但情况并不总是这样。在科学史上，当个人因发现或重大进步而获得荣誉时，往往忽略其他人的功劳。就像红雀椿属植物和18世纪发现其用于治疗疟疾的情况一样，人类复杂的科学活动与关联，有时很难整理清楚。科学发现是一项集体事业，我们都是站在巨人的肩膀上的。

红雀椿的红色管状花的底部有大量花蜜，除了蜂鸟的长喙和舌头可以吃到它之外，其他动物都够不到。

大花草属（*Rafflesia*）

托马斯·斯坦福·莱佛士（Thomas Stamford Raffles）

科：大花草科（Rafflesiaceae）
属下种数：约30
分布：东南亚（包括菲律宾）

想象一下，你正在茂密的热带雨林中行走，突然遇到一些让你惊呼的事情。实际上，这种情况在雨林中经常发生。当年轻的医生约瑟夫·阿诺德（Joseph Arnold），在陪同刚被授予骑士称号的托马斯·斯坦福·莱佛士爵士夫妇前往本库伦［今天的朋古鲁（Bengkulu）］时，也遇到了一些让他们停下脚步的东西。他给一位朋友写信说：

> "我很高兴地告诉你，我碰巧遇到了我认为是植物世界中最伟大的奇观。……说实话，如果只有我一个人，没有其他目击者，我想我应该害怕提到这朵花的尺寸，因为它比我所见过的或听说过的每一朵花都要大得多。"

莱佛士夫妻新婚不久，他们当时与年轻的印度尼西亚人一起发现的这朵花是直接从地里钻出来的，足足"一整码"（超过一米）宽，重约7千克。它"有一股腐烂牛肉的味道"，苍蝇在它

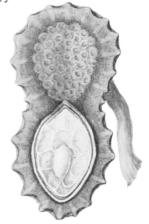

大花草（*Rafflesia arnoldii*）的果实很大，里面有数以千计的微小种子，这就是数字保险。因为种子必须找到宿主才能发芽，这种可能性非常小。

附近四处飞。这朵花肥厚多汁，结构确实令人困惑。阿诺德没有看到任何叶子，认为它们一定是在一年中的不同时间出现的。他们保存了这朵花和两个大花蕾，以备日后检验。

遗憾的是，阿诺德在这次前往苏门答腊岛西南部的普洛利巴村子附近之后不久就去世了。1818 年 8 月，莱佛士将阿诺德的信以及保存的花朵和花蕾一起寄给约瑟夫·班克斯爵士。罗伯特·布朗（Robert Brown）是班克斯的图书管理员，也是英国自然历史博物馆的第一任植物管理员，在 1820 年夏天班克斯去世后不久，他看到了描述"苏门答腊大花"的论文。布朗对寄生植物很感兴趣，他意识到这种花可能是一种寄生植物，他后来为纪念发现它时在场的两个人而把它命名为大花草（*Rafflesia arnoldii*）。它没有叶子，也不会有叶子。它的芽和花是直接从寄主植物的根部长出来的，这

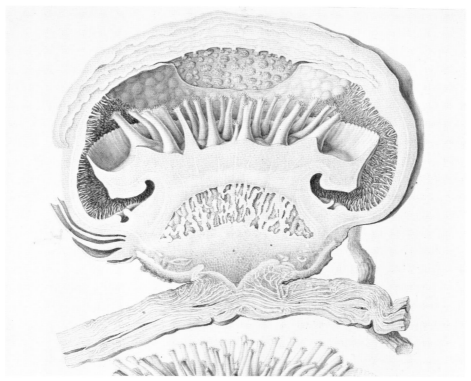

罗伯特·布朗对莱佛士寄给他的材料进行了仔细的解剖，清楚地显示了这种植物的寄生性质，这种植物附着在宿主植物的根上，具有称为吸器的特殊器官。

可以通过仔细观察芽从木质根部长出的区域的横截面来判断。他还试图弄清这种让人困惑的花的结构，他发现它是单性的，"我没有怀疑过"，因为他所观察的那一朵只有雄蕊和花药（雄性部分）。他希望他能够拥有大花草的一朵雌花。十年后，他终于实现了这个愿望，莱佛士和其他人在东南亚其他森林中采集了新的标本并送给了他。

毫无疑问，大花草属植物的花是所有植物中最大的，但这个属内的花大小差异也很大。这些花的结构实在是太奇怪，布朗对它与其他开花植物的关系感到迷惑不解。但随着新物种的收集和他对新材料的研究，他得出结论，它们是一个"自然的科"，他称之为大花草科（Rafflesiaceae）。但是这些奇怪的植物与谁关系最近呢？快进到 21 世纪来看，DNA 测序技术的出现使得科学家们可以使用一套新的特征来研究进化关系。这些数据显示，

苍蝇被这朵盛开的大花草的气味所迷惑，聚集它在周围，认为这是产卵的好地方——这对花朵有益，对苍蝇不利。

大花草属和它的近亲与大戟科（Euphorbiaceae）的大戟属关系密切，但大戟属植物的花非常小！对花朵大小进化率的研究表明，在大花草科的支系（该科所有现存成员的分支）中，花朵大小的进化率非常高，但一到该科的属和物种开始分化时，进化率就与大戟科相同。

约瑟夫·阿诺德看到的那些在花周围乱飞的苍蝇对这些巨大的花朵至关重要。大花草属是由苍蝇传粉的植物，其散发的类似腐烂牛肉的臭味吸引了正在寻找蛋白质或产卵场所的腐肉蝇。大花草属植物的花呈紫褐色，带有白色斑点，看起来也有点像肉，其巨大的个头非常引人注目。在雄花上，苍蝇爬进花中间带刺的花盘下面的凹槽里。这些结构配合的相当好。一旦苍蝇进去太深，它们就不得不退出来，那时它们的胸部就会沾到一团花粉。然后，如果植物很幸运的话，苍蝇飞往另一朵雌花，在它们四处搜寻的过程中，把花粉又碰到花中类似位置的柱头上。考虑到苍蝇需要按顺序从一朵雄花飞到一朵雌花，而且往往要飞很远的距离，才能实现授粉，所以授粉成功的情况非常少见。因为大花草是单性花，所以它没有机会进行自花授粉。难怪这些植物即使在莱佛士的时代，也非常罕见，因为它们不仅授粉困难，而且它们还依赖另一种植物，即它们的寄主。

寄生是植物的一种特别的生存方式，这种生存方式在开花植物中已经独立演变了多次。寄生植物缺乏叶绿素和光合作用的机制，它们依靠寄主植物来满足其营养需求。这些寄生植物附着在寄主植物的维管组织上，吸收水分输送到叶片，光合作用产生的糖分又反向运回。有一些寄生植物并不是完全依赖寄主，它们保留了一点光合作用的能力，但仍然从其寄主那里吸收大部分营养。而大花草属是全寄生植物，它已经完全失去了自己制造营养的能力。大花草寄生在葡萄科崖爬藤属一种巨大的木质藤本植物上——大花草崖爬藤（*Tetrastigma rafflesiae*），这种寄主植物以其寄生者的名字命名。其他物种各有不同的寄主，但都是葡萄科，而且大多数是崖爬藤属（*Tetrastigma*）植物。大花草属植物都是专性寄生植物，它们除了附着在黑暗森林下层的这些木质藤蔓上，不会生长在其他任何地方。

寄生植物为基因交流现象提供了令人叹服的证据，这种交流不是通过遗传，而是通过所谓的水平基因转移。可能由于寄主和寄生植物之间密切的物理联系，它们之间的基因交流就更加容易。在植物体的每个细胞中都有三个基因组：一个由细胞核中多条染色体组成；一个由线粒体中的环形染色体组成；一个由质体（如叶绿体）中的一个较小的环形染色体组成。线粒体和叶绿体实际上都是细菌的后代，在进化过程中，它们已经成为植物细胞的一部分，失去了自由生活的能力。当科学家们研究了在大花草属植物细胞核中发现的表达基因（那些在生物体内发挥功能的基因）时，他们发现其中许多基因不是来自寄生植物，而是来自寄主，它们与葡萄科的序列完全匹配。大花草属植物实际上是纯天然的转基因生物，它有来自另一个物种的基因，并作为其核心功能遗传系统的一部分。当检查大花草属

弗朗兹·鲍尔（Franz Bauer）画的大花草属的花让他同时代的人惊叹不已。大花草属植物的花至今仍激发着人们的想象力。此外，它们还是日本动画片"神奇宝贝"角色霸王花的灵感来源。

的线粒体基因组时，这个数字甚至更高。大花草属植物的线粒体基因组中有三分之一或更多的基因来自崖爬藤属。为了确保这不是污染的结果，研究人员做了大量的重复试验，结果证明这种基因从寄主到寄生植物的横向转移是真实的。这些研究人员认为，将寄主的基因整合到寄生植物的 DNA 也许是寄生植物逃避寄主检测的一种方式。大花草属植物可能在进行一种基因欺骗。毕竟，寄主在为两个植物制造养分，这当然会占用寄主本可以自己用的资源。

罗伯特·布朗为这些特别的植物命名，是为了纪念一个同样特别的人。托马斯·斯坦福·莱佛士是一位船长的儿子，并成了英国在东南亚殖民地政府的设计师。他被英国东印度公司派往现在的马来西亚槟榔屿，学会了当地语言，成为英国人需要的能融入当地的理想人选。东南亚的政治格局复杂多变，荷兰人和英国人为争夺控制权而展开激烈的角逐。利用法国征服荷兰的机会，莱佛士成为接管爪哇岛的英国部队的一员，并被任命为荷属东印度群岛的总督。不过他任职三年后，该岛作为拿破仑战争后定居点的一部分，重新回归荷兰。

莱佛士在爪哇的短暂时间内写成了《爪哇史》（*History of Java*），这本书塑造了英国人看待东南亚文化的方式。他记录了该地区的历史，重点介绍了过去的辉煌，并将其与古代寺庙废墟图像中所描述的衰落和腐朽进行了对比，所有这些都采用独特的风格完成。这些印象在公众中引发了对辉煌的过去和肮脏的现在的共鸣。《爪哇史》建立了一个地区的形象，该地区需要回到基于拥有个人财产的阶级制度的治理理念，而这些正是英国人所能提供的东西。这并不是说莱佛士不爱这个地区，他只是做了我们所有人都会做的事情：不自觉地从一个有偏见的角度看待事物。他的描述影响了公众对东南亚及其人民的看法，并强化了帝国是必要且正确的想法。

1818 年，他从英国东印度公司调任到苏门答腊岛西南部的明古鲁。在这里，他再次沉浸在该地区的文化和森林中。他对博物的兴趣让他的雇主烦恼，他们只对利润感兴趣。和他之前的工作一样，英国人和荷兰人之间的争夺非常激烈，当地的苏丹人用计使双方势不两立。莱佛士坚信，要想结束荷兰在该地区的控制，只能建立一个与中国和日本的贸易基地。这在明古鲁无法实现，因为明古鲁地处偏僻。

他在马来半岛的最顶端找到了一个没有荷兰人的地方，并在当地苏丹人的同意下在那里建立了一个贸易站，并把苏丹人偷渡到这里来接管。他们签署了一项条约，其中包括每年向当地统治者支付一笔相当可观的费用，作为交换，英国东印度公司在通往中国的贸易路线上占有一席之地。莱佛士回到了明古鲁，留下另一个人负责英国在新加坡的新贸易站。回到明古鲁后，悲剧发生了。他接连失去了三个孩子，而他自己身体也不好。在这种境遇下返回英国是他唯一的出路。

一回到英国，他就被困难所扰，但他还是沉浸在科学的世界里，帮助创立了伦敦动物学会，并被选为第一任会长。东印度公司的卑劣行径导致他没有得到养老金，并被要求偿还他执政期间损失的 22 000 英镑（放在今天超过 200 万英镑）。当他在 1826 年去世时，他的全部财产都被公司拿去偿还这笔债务。最重要的是，由于莱佛士反对奴隶制的立场，他被拒绝在当地的教堂墓地下葬，因为牧师来自一个以贩卖人口发家的家庭。

托马斯·斯坦福·莱佛士因其对东南亚博物的极大热爱而被人们铭记于心，当然也包括最大和最奇怪的大花草属的所有花。

托马斯·斯坦福·莱佛士（1781—1826）被视为英国殖民管理者的缩影，而他对博物学的兴趣并不被他的雇主所欣赏。

巨杉属（*Sequoiadendron*）

塞阔雅（Sequoyah）

科： 柏科（Cupressaceae）
属下种数： 1
分布： 美国加州

　　加州内华达山脉的"大树"是世界上最大和最古老的生物之一，个别树龄已超过 3 000 年。这些树高达 94 米，直径达 8 米或更多一些，任何人看到它们都会印象深刻。多年来，汽车可以在约塞美蒂国家公园的瓦沃纳树（Wawona Tree）的隧道里穿行。站在巨杉（*Sequoiadendron*）树林里，四周环绕着这些巨人，是一种近乎神秘的体验。想象一下，在 19 世纪 30 年代初，约瑟夫·沃克（Joseph Walker）率领边疆侦察兵在高山上寻找一条通往加州的陆路路线，当他们穿过这些庞然大物生长的森林时，一定会有这样的感受。虽然关于这段故事的编年史中偶然提到这些巨大的树木，但并没有让人展开丰富的想象。

　　直到 1853 年，英国植物学家才获得足够的材料来从植物学角度描述这些树木。这些材料是由英国皇家园艺学会收藏家威廉·洛布（William Lobb）收集的，他说："这种宏伟的常青树，从其非凡的高度和巨大的尺寸来看，可以被称为加州森林之王。"约翰·林德利（John Lindley）报告了洛布的"发现"，他热情地赞叹道："这是什么树！？……这是多么奇特的景象，像神话一样古老！"然后，人们开始对如何称呼这一奇妙的新发现感到困惑。在一股爱国热情的驱使下，林德利决定以英国海军英雄、前首相阿瑟·韦尔斯利（Arthur Wellesley）的名字给这棵树命名为 *Wellingtonia*，他是一年前去世的第一代惠灵顿公爵（Ist Duke of Wellington）：

1864 年，亚伯拉罕·林肯总统首次将内华达山脉约塞美蒂国家公园的马里波萨丛林（Mariposa Grove）中的大树留作"公共使用、度假和娱乐"之用。

"……我们认为，没有人会反对，把这棵当今发现的最巨大的树冠以当今英雄中最伟大的英雄之名。威灵顿站在他同时代的人之上，就像这棵加州的树站在周围所有的森林之上一样。那么从今往后就让我们称它为 Wellingtonia gigantea。皇帝、国王和王子都有以自己名字命名的植物，我们不能忘记我们自己的伟大战士，也让他在他们中间拥有一席之地。"

令林德利难过的是，Wellingtonia 这个名字，在几年前已经被用于亚洲开花植物清风藤科（Sabiaceae）中的一种植物，所以这个名字已经被占用了，不能重复使用。虽然 Wellingtonia 现在被认为是另一个属（*Meliosma*，泡花树属，植物学家认为它代表同一个生物实体）的同义词，但如果我们遵循植物学命名的规则，它就不能被使用。美国植物学家建议将该属命名为 "Washingtonia"，以纪念一位伟大的美国战争英雄，但一直没有对该属进行命名。而为了纪念乔治·华盛顿，Washingtonia 这个名字又被用于棕榈科的一个属（见丝葵属）。后来，巨大的红杉在不同的属中来回穿梭，有时与它们的近亲海岸红杉放在同一个属中，有时又不在一起。

到 20 世纪 30 年代，经过研究证明这两种红杉明显不同，它们应该划分成不同的属，但当时这些大树还没有学名。海岸红杉有一个学名叫北美红杉（*Sequoia sempervi*），所以内华达山脉的巨树不能再叫北美红杉，因为它们差异很大。两种红杉都是巨大

植物学家用植物标本采集并记录植物多样性，但是巨杉的巨大和壮观是不可能展现在标本上的。

的：一种是最高的树，一种是最大的树，但它们有不同的树干、树枝和叶形。对植物学家来说，更重要的是它们有不同的球果形态和种子成熟的条件。那么，该如何称呼由这些大树组成的属呢？美国植物学家和针叶树专家约翰·西奥多·巴克霍尔茨（John Theodore Buchholz）做出了一个可行的决定，解决了这个问题：

> "在为大树取一个合适的名字时，最好不要选择与之前长期使用的名字完全不同的词。巨杉属（*Sequoiadendron*）这个名字充分体现了与其他属的区别，而且没有完全抛弃长期使用的名字 Sequoia，并且在目录和索引中有明显的优势。"

所以，名字既可以是实用的，也可以是诗意的或诙媚的。不过，对这些树来说，wellingtonia 这个名字仍然存在，因为在英国栽培的许多个体的俗名还在用它。在栽培过程中，这些树并不像其家乡加州森林中的那样大，但其高大的身材、美丽的树叶和"让人惊叹"的形象，使它们在远离家乡的地方备受喜爱。

巨杉属的名称结合了北美红杉属的学名 Sequoia 和希腊语中的树（dendron），将这两种加州的树联系起来。因此，大树之名的由来是显而易见的，布赫霍尔茨在他的描述中也确定了这一点。但北美红杉属的名字的来历就不是很清楚了。这个属名是奥地利植物学家斯蒂芬·恩德利歇尔（Stephen Endlicher）在 19 世纪 40 年代中期创造的，他认为被英国植物学家艾尔默·伯克·兰伯特（Aylmer Bourke Lambert）称为北美落羽杉（*Taxodium sempervirens*）的植物与落羽杉（*Taxodium*）有足够的区别，应该成立一个新属。但他没有说明他选择这个名字的原因，这在当时是很常见的。

19 世纪 60 年代，一本美国约塞米蒂（Yosemite）地区的旅游指南宣传了这样一种观点：恩德利歇尔给巨杉属取的属名是为了纪念 19 世纪初发明切罗基音节表（Cherokee syllabary）的著名的美国原住民塞阔雅

（Sequoyah）。塞阔雅的英文名字是乔治·盖斯特（George Guest）或吉斯特（Gist），他于18世纪末出生在切罗基族的故乡（南北卡罗来纳州、乔治亚州、田纳西州和亚拉巴马州），在严格的母系氏族社会里，他由他的母亲抚养长大。他只会说切罗基语，这是一种错综复杂的综合性语言，这种语言用一个词能表达多种复杂的意思，换成欧洲语言的话，则需要多个词来表达。塞阔雅是一个全能的年轻人，他做过商人、银匠、铁匠和士兵。在与欧洲人后裔的交往中，他意识到这些定居者在通过书面语言进行交流方面具有优势，他们用这种语言相互传递信息，而不是完全依赖记忆。

他开始计划为他的族人制定一种便于交流的书面语言，他尝试为每个单词创造一个字符，但这极其复杂和困难。作为一名商人，他有机会和很多人交谈，倾听许多对话。在这个过程中，他分析了语言的声音，并开发了一个音节表系统，最终让每个音节都对应一个字符。他改编并使用英语字母的一些字母，因为它们很容易书写，但在音节中，它们与英语的用法没有任何关系。塞阔雅还创造了一些新字符。塞阔雅的音节表是为切罗基语言特有的声音而设计的，它的85个字符代表了切罗基语的全部声音，每个音节都有一个字符。它不是将英语字母和声音强加到切罗基语言中，它是独特和独立的，完全是新的。

一些人对土著人独立发展书面语言的想法表示欢迎，但另一些人，特别是传教士，认为这是有问题的。首先它是由土著人发明的；其次这种新的书面语言被土著领导人用来记录和交流传统的宗教习俗。在切罗基人中，人们最初对书面语言有一些怀疑。塞

塞阔雅（约1770—1843）用一块石板展示了切罗基音节表，这不是一个字母表，而是该语言每个音节的85个符号的集合。

阔雅曾教过他的女儿阿由卡学习这种书面语，后来他们被指控使用巫术并受到审判。在审判时，切罗基族北部的人了解他们通过传递书面信息进行交流后，相信这项发明是有价值的。这些好斗的战士要求塞阔雅教他们学习音节表，并释放了他们。1825 年，切罗基人采用了音节表，并迅速传播开来。到 1830 年，切罗基人的识字率比欧洲定居者还要高：

> "塞阔雅所做的事情的成果是史无前例的。没有建造一所校舍，没有聘请一名教师，但在几个月内，一个被敌人称为野蛮人的印第安民族，在一个人的帮助下，从野蛮的文盲状态上升到文化状态。"

音节表为分散的切罗基人之间的交流提供了便利。根据安德鲁·杰克逊总统 1830 年颁布的"印第安人迁移法案"，切罗基人被赶出了他们的家园，将他们在密西西比河以东的传统土地让给了美国政府。1838 年夏天，切罗基人被军队包围，美国政府迫使他们从自己的家园迁往现今位于俄克拉荷马州塔勒阔的切罗基族的首都，代价惨重。沿着血泪之路前往俄克拉荷马的 16 000 人中，约有 4 000 人死于暴晒、饥饿或疾病。在俄克拉荷马州重新建立切罗基部落后，塞阔雅开始与分散逃往墨西哥的切罗基人联系，以便他们和留下来的人团聚。他在这个过程中去世了，并被埋在一个没有标记的坟墓里。但他的音节表一直存在，并且沿用至今。

恩德利歇尔为纪念这位卓越的人，以他之名创造了北美红杉属的属名，这可能因为他是一个语言学家，并热衷于北美本土文化。恩德利歇尔精通中文和其他多种语言。他当然知道塞阔雅，他的故事出现在当时的许多德语报纸上，他还与史蒂文·彼得·杜·蓬索（Steven Peter Du Ponceau）合作过，他是研究美洲土著语言方面的专家，当然研究过切罗基音节表。但恩德利歇尔并没有说过关于北美红杉属这个名字的由来。2012 年有人提出，北美红杉属这个名字不是为了纪念塞阔雅，而是源自拉丁语动词"sequor"，意思是"我跟随"，认为这个属名纪念了塞阔雅则是"一个美国民间传说"。

在这种情况下，北美红杉属要么是已经灭绝的属的"追随者"，要么是按球果鳞片中种子数量的顺序来划分，因此以顺序作属名。后来通过解读恩德利歇尔的论文并没有真正解决谜团，但大大降低了从拉丁语动词"sequor"衍生出来的可能性。因为这是对拉丁语的错误使用，对于恩德利歇尔这样的语言学家来说，这是不可能的。没有人发现恩德利歇尔的意图的确凿证据，但用美国最壮观的两种针叶树巨杉和北美红杉，来纪念切罗基音节表的发明者是非常合适的，这是一项极其重要的成就，激励着全世界的人向他学习。

今天的切罗基语被认为是一种濒危语言，在 2019 年，只有大约 2 000 人仍在使用，但学习这种语言的课程是充满活力和不断发展的。这两种树在它们的栖息地也面临着风险，两者的种群数量都在下降，在世界自然保护联盟红色名录中被认为是濒危物种。美国西部火灾的发生率和猛烈程度的增加，意味着即使像巨杉这样适应火灾（球果甚至需要火才能打开并释放种子）的森林，也可能被永久地破坏，无法修复。在 2020 年内华达山脉的城堡火灾中，世界上 10% 以上的巨杉（约 7 500 至 10 000 棵）被毁。落后的灭火政策加上气候变化，导致更热和更长的干燥期，意味着这些树木在今天的野火的热度和强度中处于下风。不管它们的名字是如何而来，加利福尼亚壮观的红木，包括北美红杉和巨杉，都是对美洲原住民的提醒，他们的生活被欧洲人的定居改变了，也让人们想起了塞阔雅对世界知识的独特而持久的贡献。我们只能希望它们继续存在，来面对人类已经改变的气候条件。

尽管巨杉体积巨大，树龄也很长，但随着气候变化，巨杉面临着更危险、更频繁的火灾风险。在 2021 年毁灭性的火灾中，必须用防火毯裹住每一棵树来保护它们。

茄花木属（*Sirdavidia*）

大卫·爱登堡（Davidatt Enborough）

科： 番荔枝科（Annonaceae）
属下种数： 1
分布： 加蓬

　　我最小的儿子在五六岁时，唯一期待的电视是大卫·爱登堡的系列纪录片《地球上的生命》（*Life on Earth*）。他被里面的很多内容所吸引，比如：生命就像一个时钟，人类只是午夜前的一个小插曲；我们通常看不到生物多样性有多丰富；比如那些与我们尽管距离很远但有亲缘关系的单细胞生物；当然还有山地大猩猩。大卫·爱登堡（David Attenborough）在小猩猩像人类儿童一样试图让他与它们玩耍时，低声说着与这种奇特动物互动的奇妙之处，这些画面比教科书上的描述更能显示大猩猩与我们有多么相似。大猩猩与我们的亲缘关系最近，他与它们互动时的快乐是溢于言表的。从这些和其他爱登堡的作品中得到的启发，并没有使我的儿子成为一名专业的生物学家，但它们在塑造一个小孩子对地球上其他生命为何如此重要的看法方面起到了巨大的作用。其他后来成为博物学家的人，即那些记录地球上生命的科学家，也受到了这些作品的影响，包括那些为了纪念他，给特别的非洲植物茄花木属（Sirdavidia）定名的植物分类学家们。

　　作为一名动物学家，大卫·爱登堡从一开始就成为电视上自然探究节目重要的关键人物，在某种程度上来说，是他开创了这种类型的节目。从工作室与动物的互动开始，他就好像生活在大自然中，对那些生命充满热情，创造了突破性的节目。这些节目记录了植物和动物们在它们的栖息地日常的生活。首先，不得不提到那些相对原始的摄像机，无法同步视频和声音，必须在演播室中对它们进行重新拼合。但随着技术的改进和摄像机变得越来越复杂，爱登堡能够亲自参与其中，将多样性的大自然和他感受到的快乐带给观众。刚开始他的作品只在英国播出，后来他把这种体验分享给了全球的观众。节目中不都是在演播室里策划好的场景，经常有来自现场的惊喜，那是无法用脚本编写的意外之喜。爱登堡的自然探究影片，从最初由一台摄像机和一台录音机组成的两人团队制作的作品，发展成为新摄影技术团队的突破性实验载体。显然，爱登堡也喜欢冒险，他与山地大猩猩幼仔嬉戏，在蝙蝠飞出时被悬挂在洞穴中，在谈论新几内亚的天堂鸟交配表演时站在高高的树枝上，他与大自然合二为一，难以复制。在一次英国最受欢迎的"爱登堡时刻"公众投票中，他站在一根木头上观察华丽琴鸟高超的模仿技巧的照片荣获桂冠。在他的传记中，他喜不自禁地描述了这一过程：雄琴鸟是用另一只鸟的录音吸引过来的，但是在"它（是鸟，不是爱登堡！）因为看不到对方而精神崩溃"之前，团队不得不停止拍摄。

茄花木（*Sirdavidia solannona*）的种名是根据花的形状来定的，它看起来像番荔枝科的一员，但又有茄属的花药。

那些授予大卫·爱登堡的多项荣誉证明了他对全世界人民和机构的影响。他被英国女王伊丽莎白二世封为爵士，获得过博物馆和政府颁发的奖项以及艾美奖。在《读者文摘》（Reader's Digest）举办的投票中，他被评为英国最值得信赖的名人。他被许多人视为文化偶像，甚至有一艘极地考察船以他的名字命名。他使自然探究成为日常生活的一部分，这种影响是难以估量的。

许多现存的和已灭绝的植物和动物都是以爱登堡命名的，甚至有些是在他不知情的情况下确定的。最初，由伟大的维多利亚时代的化石猎人玛丽·安宁（Mary Anning）采集的一种已灭绝的蛇颈龙被重新命名为爱登堡龙属（Attenborosaurus）。这块化石的模型（原件于1940年被炸毁）现在挂在英国自然历史博物馆的墙上。当植物学家在西非加蓬富饶的低地森林中发现了番荔枝科一种特别的新树时，他们写信给爱登堡，表示想以他的名字来命名。他回信说："我非常高兴，你们决定基于我的名字给你们发现的番荔枝科的新属命名（非常有才，如果我可以这样说的话）。我很清楚，这样的决定是一个生物学家对另一个生物学家的最高赞誉，我由衷地感谢。"茄花木属是唯一一个以爱登堡命名的植物属，它是一种和他一样卓越的植物。

非洲热带森林的植物多样性低于世界其他热带地区。南美洲和东南亚雨林的植物种类明显多于非洲的雨林。由于植物多样性较低，非洲被定性为"异类"。多年来，针对非洲热带雨林多样性较低的原因，人们提出了各种解释，其中之一是对非洲热带雨林的了解较少，而不是非洲热带雨林本身多样性低，但最近的比较研究结果支持多样性较低的推论。更剧烈的气候变化导致过去非洲大陆的干旱和雨林范围的缩减，从而导致更高的灭绝率，这似乎不能完全解释这种模式，而非洲雨林的稳定所导致的地质或构造因素也不能解释这种模式。非洲地形隆起的区域往往是不能产生热带雨林的降雨量较低的地区，而美洲和东南亚的情况则相反。而更高的多样分化率，导致更快的积累物种多样性，可能更好地解释热带雨林地区之间的差异。美洲和亚洲的高多样分化率形成了更高的多样性，而非洲雨林地区的多样化率保持不变或更低。但是，正如我们试图解释我们在自然界观

让人难以置信，各大洲热带雨林的林下植物物种非常丰富，与大树的多样性差不多甚至超过它们，这是许多研究的重点。

察到的模式一样，这些模式的根本原因可能是复杂和相互关联的，没有一个简单的原因，如气候变化导致的干燥，能够完全解释我们看到的多样性。涉及物种（多样化）、灭绝、迁移、气候、地质甚至人类影响的一系列复杂事件，这些都有待研究，以解释非洲热带森林多样性广泛支持的"异类"本质。

要按大陆来算，非洲热带雨林的物种是比亚马孙或婆罗洲的少，但是，这并不意味着非洲热带雨林多样性少，有很多只有那里才能找到的有趣的植物。加蓬是茄花木属特有的产地，也是非洲中部低地热带雨林在植物学上最著名的地区之一。该国位于非洲大陆的西海岸，正好是非洲大陆从宽阔的北半部变窄的地方，其80%的土地面积被热带雨林覆盖，与邻国喀麦隆一起，构成了非洲植物多样性的热点之一。该地区的采集强度很高。在热带非洲，有三个国家最适宜进行植物探索，除上述两国，第三个国家是贝宁。茄花木（*Sirdavidia solannona*）就是这样的惊喜。

植物学家在克里斯塔尔山国家公园（Monts de Cristal National Park）里发现了茄花木，那里并不是在难以采集植物的地区，它离公路只有几米远，是加蓬最常采集的地区之一。这种小树被忽视的原因可能是由于它的体形，该植物的直径小于10厘米，而热带森林普查和采集工作的重点是树木，比茄花木属植物更大的树木。然而，在所有的热带雨林地区，在较小的生命形态维度都发现了显著的热带多样性。因此，也许这些众所周知的地区也没有完全被了解。在加蓬中部采集到的茄花木的另一个标本，这表明它可能分布更广泛。也许标本早就尘封在标本馆中，只是因为该属的花朵很特殊而未被识别。无论如何，这在番荔枝科中是不常见的。

茄花木属所属的类群确实很古老。在白垩纪晚期（约8900万年前）就发现了番荔枝科的化石，它们的花通常被认为是"原始的"（见北美木兰属）。这些花看起来像是恐龙时代的东西，巨大肉质的花萼和花瓣看起来很像，许多雄蕊紧密地聚集在花的中心，独立的心皮发育成肉质的单果，或者有时聚合成一个巨大的苹果状果实。巴婆果、释迦和番荔枝都是这个热带科的成员。不过，茄花木属的花在这个科中是很不常见的。大部分番荔枝花的花瓣很大，呈杯状覆盖在雄蕊上，而且颜色都差不多；而茄花木属的花很小，向后翻，雄蕊与花的颜色形成强烈对比，在花的中心形成一个圆锥状。乍一看，它们看起来像茄属（*Solanum*）的花，因此种名为 *solannona*。这让植物学家们认识到，这可能是一种蜂鸣传粉的花，这对该科来说是第一次，对整个木兰目来说也是第一次。

　　蜂鸣传粉就像字面描述的一样，蜜蜂通过嗡嗡声或超声处理从花药中震出花粉，然后把花粉运送到另一朵花上，并粘在通常远离花药的柱头上。通过蜜蜂身体的震动，花粉粘在蜜蜂的腹部，只有部分花粉被清扫并储存在后腿的花粉囊中，其余的花粉则被运送到下一朵花。传粉者从这些花中

大卫·爱登堡（生于 1926 年），他对自然界的热情激励着所有年龄段的人，他在观察一朵花并发现新事物时那饱满的热情非常具有感染力。

得到的唯一回报就是花粉。花粉是蜜蜂的重要营养物质，它为发育中的幼虫提供氮元素，这是花蜜中所没有的。花蜜主要是以糖的形式提供了大量的碳水化合物。典型的蜂鸣传粉花的花药顶端有小孔，散粉时从孔中散出。花药和花瓣的颜色反差很大，通常是亮黄色的，看起来就像装满了花粉，即使花粉没有那么多时也是那样。因此，茄花木属在花色方面符合要求，但它是否具有多孔的花药呢？事实证明，一些符合蜂鸣传粉特征的植物有其他方法来保护花粉，只有传粉者"适当"振动，花药才释放花粉。有些植物的花药可以将花粉释放到由花药形成的管子里，这种结构就像一个巨大的孔。

　　因此，也许这就是茄花木属的情况。很显然，聚成锥体的花药将其花

粉释放到中心，昆虫抓住花药并震动翅膀发出嗡嗡声，收获花粉供自己使用。问题是，目前还没有人记录过任何昆虫造访茄花木。但是，对该属的描述有别于该科的其他属，可以让未来的植物学家研究这种独特植物的生物学特性。正如大卫·爱登堡多年来用他的影视作品向我们展示的那样，自然界中许多与动植物的日常生活有关的现象，都是由耐心等待的摄影师第一次展示出来的。事物的可能性可以敲开下一步工作的大门。对于茄花木属是由蜂鸣传粉的可能性，爱登堡说："我曾拍摄过木蜂从南非的粉色欧龙胆中提取花粉的过程。所以我对（蜂鸣传粉）这种技术很熟悉，但如果能在茄花木属看到这种技术，那将是一件特别高兴的事……"

通过自然选择的进化，以及我们对其差异和变化的深入了解，地球上的生命时刻在变化过程中。无论站在什么角度，正如大卫·爱登堡在他的职业生涯中所做的那样，我们每个人都要认识到，它们对我们的未来至关重要。如果把这件事当成一项任务，那么，这项任务也很重要，但这项任务同样也是非常令人愉悦的，就像爱登堡自己所说："我所知道的最大快乐，莫过于思考自然界并试图理解它。"

钩稃竹属（*Soejatmia*）

索亚特米·德兰斯菲尔德（Soejatmi Dransfield）

科： 禾本科（Poaceae）
属下种数： 1
分布： 新加坡和马来西亚

　　如果你问人们，在他们印象中什么是禾本科植物？你可能会唤起他们对夏天在绿色草坪上野餐、青翠的高尔夫球场，甚至有时是非洲或南美洲的大草原的回忆。然而，禾本科植物不仅仅是这样，它们是一类特别的开花植物，有着丰富的多样性和功能性，长期以来一直支持着人类的发展。当然，人类食谱中的四个主要碳水化合物来源，禾本科占了四分之三：水稻、小麦和玉米，第四种是茄科的马铃薯。但人们使用禾本科的目的远不止于食物。竹子也是禾本科的一种，钩稃竹属（*Soejatmia*）当然是其中之一，它们在世界各地的热带地区都有分布，被用于建筑、地方工业和乐器等很多领域。竹子是热带地区重要的自然资源之一。然而，竹子通常不被认为是禾本科植物，它们通常是高大木本植物，不是那种可以作为草坪的植物。它们在文化方面也至关重要，特别是在亚洲，那里大型竹类非常丰富。引用一位中国北宋文学家苏轼的诗句："宁可食无肉，不可居无竹。无肉令人瘦，无竹令人俗。"

　　竹子像树一样高大，它们的茎（农学家或禾本科分类学家称之为秆）长而中空，直径可达25厘米（10英寸）。它们的叶子比典型的草坪草大，有复杂的地下分支系统，称为根茎。竹竿因其笔直、光滑和坚硬的特性而备受青睐，但它们没有次生生长产生的木材。它们的强度来自纤维的复合结构，包括半纤维素和有机聚合物木质素。复合结构的强度来自分子之间的化学

香茅属的柠檬草（左）和竹子（右），由一位不知名的中国艺术家绘制。这两种植物对亚洲人民都很重要，也都是索亚特米·德兰斯菲尔德深入研究的对象。

键，以及当分子之间非常接近时产生的范德华力。这些力量的结合，使竹竿的强度特别大。竹竿的强度与重量之比甚至高于钢铁或混凝土。

　　这就是为什么竹材是东南亚城市摩天大楼建设的首选脚手架用材。竹竿又长又直，部分原因是它们不是真正的木头。当一棵竹子从地下根茎中抽出时，它的直径再不会像大树一样增粗，也不会逐渐变细。中空的茎上实心的部分称为节，是叶子生长的地方。理想的建筑用竹是那些径粗壁厚，节与节之间相对较短的竹子。茎中空使竹脚手架很轻，但竹壁的复合性质又使其可以弯曲，这在巨大的摩天大楼中使用更加安全。在中国香港和其他南方的大城市，高达 100 层的竹制脚手架以迅雷不及掩耳之势搭建起来，而且往往只采取最低限度的安全防范措施。这些脚手架上的工人据说表现得"更像勇敢的杂技演员，而不是建筑工人"。想要成为一个竹制脚手架的工人，需要七到九年的学习，这可不是一个随随便便就可以进入的行业。当我第一次在中国南方看到这种情况时，这些建筑看起来就像被装在精美的竹篮里。

竹子是大自然中可再生资源之一。它们的生长速度是惊人的，有些品种在一天内可长到 90 厘米！然而，大多数竹子的生长速度并没有达到让人们可以肉眼观察的程度，但速度仍然快得令人难以置信，每天长 10~30厘米是很正常的。这种生长大多发生在夜晚。竹笋被秆箨层层包裹，随着茎的伸长而逐渐脱落。在东南亚，竹笋是一种重要的蔬菜，人们通常在它们出土后变得纤维化和坚硬之前采挖，享用这种鲜嫩的美味。竹子可以快速有效地固碳，在解决当今人类引发的气候变化这一紧迫问题时，它们成为优良的自然解决方案。因此，考虑到以上所有因素，你可能认为竹子在分类学上是众所周知并研究充分的……然而，根本不是你想的那样。

一般来说，对分类学家而言，禾本科的分类是出了名的困难，它们的花很小，并且很难看到（见丝毛竺属 *Agnesia*）。大约有 2 000 种竹子以难以区分而闻名，甚至在热爱禾本科的人群中也是如此。它们的营养器官看起来都非常相似，作为竹子，可能没有进化出太多不同的茎叶结构。它们只能以花的特征来区分属和种，特征很微妙，很难一眼就看出，而最重要的是，竹子很少开花。当它们开花时，有些竹子就要面对死亡，一生中仅有一次机会。

研究竹子的分类学家们一生都在与这些奇妙的植物打交道，把对微小细节的仔细观察与广泛的野外经验结合起来，这是研究不易采集也不易开花的植物所必需的。索亚特米·德兰斯菲尔德（Soejatmi Dransfield）就是这样一位分类学家，钩稃竹属就是以她之名命名。该属的命名者说："我很

索亚特米·德兰斯菲尔德（生于 1939 年）在马达加斯野外采集竹子，她仍在不断发掘和描述竹子的多样和新奇。

高兴以索亚特米·德兰斯菲尔德博士的名字命名这种稀有而美丽的竹子，她的工作对系统了解马来西亚的竹子做出了很大贡献。"她对竹子的兴趣始于她的祖国印度尼西亚，当时她在茂物市的国家标本馆担任助理。因为禾本科植物看起来似乎很容易研究，她对它们产生了兴趣，而且作为一名优秀的野外植物学家，她经常负责带领欧美访客到野外寻找他们来爪哇要采集的植物。在这些植物学家的鼓励下，她致力于研究禾本科植物，并在竹类植物无处不在而又鲜为人知的情况下，投身野外工作。在获得雷丁大学的奖学金进行博士学习后，她完成了一篇关于香茅属（*Cymbopogon*）（其中有一种精致小植物称为柠檬草）的论文。但竹子在召唤她。她意识到野外工作对竹子的研究至关重要，因此她重新回到了野外，她在研究之路上影响了许多人。她的朋友和同事都叫她贾特米。野外的植物激发了索亚特米，无论是在东南亚的雨林还是在纽约州北部的温带森林，我都曾陪她和她的丈夫约翰去寻找罕见的春季野花。每当我看到新英格兰的春季植物群，我仍然会想起他们。贾特米和约翰是唯一一对同时拥有一个属的植物学家夫妇：约翰拥有的是口红椰属（*Dransfieldia*），一种棕榈树（他研究的植物类群）；贾特米的是钩秤竹属，一种来自马来西亚半岛和新加坡的罕见而奇妙的竹子。

在 19 世纪末，英国植物学家约瑟夫·甘布尔首次将这种竹子定位为簕竹属（*Bambusa*）的一员，这是一类木本竹子。他从未见过活的这种竹子，所以不知道它有多大，也不知道它的茎是什么样子。他所拥有的只是一个弯折的开花枝条，并不能真正充分体现这种植物在自然界中的样子。这个标本是由亨利·尼古拉斯·里德利（Henry Nicolas Ridley）在新加坡采集的，他在当时主管殖民地的花园和森林，但他的职业生涯是从现今的英国自然历史博物馆开始的。里德利在当时负责在英国殖民地建立大面积的橡胶种植园，具有讽刺意味的是，他还破坏了他辛勤记录和探索的植物群。里德利在武吉知马山上采集了最初被命名为 *Bambusa ridleyi* 的植物。那是一个位于新加坡中心的山丘，也是新加坡最高点。在索亚特米在马来西亚半岛南部的彭亨州采集到开花植物之前，它仍然鲜为人知，也很少被采集。

这些标本让人充分认识到它与簕竹属不同，这一结果用后来的 DNA 测序数据也得到了证实。但真正重要的是野外工作，正如贾特米后来在一篇关于马达加斯加竹子的论文中所说："现在人们普遍认为竹子分类研究需要完整的标本，为此，野外工作必不可少。"

钩稃竹属是在一篇描述其他四个新竹属的论文中提出的，其中两个是以已故的竹类分类学家命名的。索亚特米本不应该知道这个新属是以她的名字命名的，约翰发誓要保密。但这就像所有的秘密一样，它在一次会议上偶然的闲谈中被泄露出来。哎呀！但注意到论文中命名的其他属时，索亚特米问作者："那你想让我现在就死吗？"我确信他笑着说当然不是……但重要的是，我们要知道，新的属名不一定要纪念那些已经离世的人。那些活着并继续在各自领域产生影响的人同样值得肯定。

钩稃竹（*Bambusa ridleyi*）的原始插画可以显示花和茎的细节特征。后来，这个物种被认为是特别的，足以更改为钩稃竹属 *Soejatmia*。

目前，知道钩稃竹属的人很少。它是一种小型的林下竹子，茎长约5米，种群数量很少。在新加坡，它是极度濒危物种。由于钩稃竹属丛生的花序是不固定的，这意味着它们会持续开花，直到耗尽植物所有养分为止。所以，它很可能属于开花后就会死亡的类型（仅开一次花），但这并不确定。除了少数常见的种类，植物学家对竹子的生物学知识知之甚少。很少开花的植物本身就很难研究，因为你必须在正确的时间去观察它。很多竹子的标本只有营养枝，只由茎和叶组成，因此，很难甚至几乎不可能识别它们。一旦你找到一株正开花的竹子，你就需要对微小的特征变化积累

1890年，当尼古拉斯·里德利采集到钩稃竹属 *Soejatmia* 时，他必须小心翼翼地把它的大叶子折叠好，以适应他的标本纸张大小。

经验，可以助你了解该植物到底是什么。

索亚特米在邱园工作时，对东南亚竹子的属和种都进行了描述。在马达加斯加从事禾本科植物工作的同事们认为自己非常幸运，能邀请到索亚特米·德兰斯菲尔德和他们一起研究这个特有岛屿的竹子。在她参与这个工作之前，人们对马达加斯加竹子的了解仅限于全球南方后殖民主义的自然研究。植物由欧洲人或在非洲受过培训的分类学家描述，拥有"合适的树木"的原始森林比其他栖息地更有研究价值。在索亚特米研究马达加斯加的竹子之前，它们只是竹子，通常被放在已经存在的属中。因为不是树，它们提不起人们的兴趣。为了更好地了解竹子的进化关系，她需要研究马达加斯加的竹子，但它们的身份对马达加斯加的保护同样重要。她将其描述为："刚开始，只是对一种普通竹子进行简单的命名，现在，已经发展成对属进行全面的重新评估。"她描述了马达加斯加的两个新属：一是琴竹属（*Valiha*），因曾用其秆制作乐器而得名；二是狐猴竹属（*Cathariostachys*），因其整齐的扇形花序而得名，二者都是常见的大型竹子。如果你去马达加斯加，肯定会与它们偶遇。尽管琴竹属是马达加斯加东海岸多地的主要竹子，也是马达加斯加最广泛使用的竹子，但索亚特米却推迟了对它的描述，"多年来，我一直想找到它完整的开花植物作为模式标本，但不幸的是，我只找到过一次开花的枝条……"琴竹属和狐猴竹属也都是极度濒危的大竹狐猴（*Prolemur simus*）最重要的食物来源。狐猴研究人员对竹子分布的了解不仅有助于保护这些濒危灵长类动物，而且也有助于未来对马达加斯加罕见竹子的研究。

索亚特米继续为竹子分类学做贡献。马达加斯加的另一个特有属的名字来自马达加斯加的一种特有的哺乳动物："猬刺竹属（*Sokinochloa*）这个名字的灵感来自一位安多亚耶拉的导游，他说它看起来像'sokina'，这是对当地的大刺猬——马岛猬的称呼。"这正是它看起来的样子，一只在竹笋尖上保持平衡的刺猬！

有趣的是，许多伟大的禾本植物学家都是女性。这是不是能够说明，虽然禾本科植物在经济和文化上很重要，但了解它们却极其需要耐心和奉献精神呢？这些植物并不是开花植物世界中的显要成员，但它们的多样性和种类却非比寻常，正如索亚特米·德兰斯菲尔德在她对这些不像草类的禾本科植物的专门研究中所显示的那样。

还有人可悲地认为禾本科植物不能开出壮观的花朵吗？马达加斯加的狐猴竹属（*Cathariostachys*）植物的花朵上悬挂着明亮的奶油色雄蕊，非常引人注目。

鹤望兰属（*Strelitzia*）

梅克伦堡·施特雷利茨的索菲亚·夏洛特
（Sophia Charlotte of Mecklenberg·Strelitz）

科: 鹤望兰科（旅人蕉科）Strelitziaceae
属下种数: 5
分布: 非洲南部

    远离家乡的壮观植物经常被选作其原产地的标志。鹤望兰或称天堂鸟（*Strelitzia reginae*）就是这种情况，它不仅是其故乡南非的标志性符号，还是南非国家生物多样性研究所（South African National Biodiversity Institute）的标志，并出现在南非 50c 硬币上，而且还是美国洛杉矶市的市花。当鹤望兰属植物第一次到达欧洲时，它的与众不同就引起了巨大的反响，以至于在 1790 年的《植物学杂志》上出现时，专门用两个图版介绍它。《植物学杂志》通常只会用一个图版介绍植物，但他们也强调说这种情况不会再次发生。这本杂志由植物学家威廉·柯蒂斯（William Curtis）创办的，是专门介绍植物画像的流行杂志，今天被称为《柯蒂斯植物学杂志》。为了这种"异常美丽"的植物，他们介绍的语气都显得异常兴奋。它的画像也由约瑟夫·班克斯爵士在他的朋友圈传开，这是一个震惊所有人的好机会。不过柯蒂斯把花的结构弄错了一点儿，当然，这并未改变鹤望兰属的花确实很特别。柯蒂斯对花朵本身赞不绝口："花冠的亮橙色和花蜜的天蓝色，使整个花茎看起来超级棒。"我们现在知道，橙色的结构是萼片，而被他解释为蜜腺的箭头状蓝色结构是三片花瓣中的两片，它们融合成了一个整体，而最小的第三片花瓣变成了蜜腺。花的生殖结构（雄蕊和花柱）被夹在箭头内，充满白色花粉的花

鹤望兰的"花"其实是由几朵小花组成，一朵接一朵开成一个羽冠状。支撑它们的坚硬的鸟喙结构叫作佛焰苞。

Strelitzia reginae Banks

药从尖端伸出。当鸟类授粉者，通常是织巢鸟或太阳鸟，落在花上寻找花基部浓稠甜美的花蜜时，箭头的两边会分开，黏稠的花粉会粘在鸟的脚上，准备落在下一朵花的柱头上。鹤望兰属的所有种类都有类似的花朵结构，尽管不同种类的部分结构颜色不同，但都是通过鸟类传粉。

鹤望兰最早是通过植物猎人弗朗西斯·马森（Francis Masson）去南非采集而被引入英国的。马森是约瑟夫·班克斯在库克船长的"决心"号航行中的"替补"植物学家。班克斯因为这艘船无法容纳他的一群灰狗和私人乐队，一气之下决定不出海。弗朗西斯·马森是邱园皇家花园的一名安静的苏格兰副园长，他被称为"邱园的第一个植物猎人"和一个勇敢的探险家。他的任务是在开普敦下船，探索当时由荷兰东印度公司控制的非洲最南端。1772 年底，他在开普敦附近的桌湾（Table Bay）登陆，立即开始探索，因被南非的花卉所吸引，而后迷了路。他乘车旅行，为班克斯的植物标本馆采集标本，并为邱园的温室收集活体植物。1773 年底，他开始对南非东部进行考察，沿着海岸线和内陆，一直到达现在的伊丽莎白

明亮的橙色和蓝色非常醒目，吸引了传粉的鸟儿访问鹤望兰，下面坚硬的苞片为它们寻找花蜜提供了歇脚处。

港。陪同他的是林奈的学生卡尔·通贝里（Carl Thunberg），他是个傲慢又爱吹牛的人，马森则安静又谨慎，尽管两人性格不同，但他们是一对很好的搭档。一路上，他们遇到了很多挫折：通贝里的马掉进了河马的泥坑里，他差点被淹死；他们的补给车坏了；更糟糕的是，他们在返程途中迷了两次路。但他们不虚此行，发现了很多植物。正是在这次探险中，他们可能在伊丽莎白港附近某个地方采集到了鹤望兰。回到英国后，鹤望兰被移栽到几个私人花园中：其中一个在埃塞克斯（Essex）；一个在班克斯自己位于邱园附近的斯普林格罗夫府的花园。它们一开花，就引起了极大的轰动。1777年，这种植物首次被绘成画，但直到1787年，班克斯才从植物学插图画家詹姆斯·索尔比（James Sowerby）那里得到了一幅鹤望兰的画作，然后他又将其制成雕版并上色。这幅名为鹤望兰的版画被他分发给了他的朋友和同事，不寻常的是，这幅私下流传的插图成了该植物学名的发表地！班克斯显然很喜欢这种植物。他将该属植物献给了乔治三世的妻子夏洛特皇后，她婚前的名字是梅克伦堡·施特雷利茨的索菲亚·夏洛特（Sophia Charlotte of Mecklenberg Strelitz），并在种名中向她的女王身份致敬——reginae。兴许有点夸张，但夏洛特皇后本身就是一个热衷于植物的人，并且是邱园和班克斯的宏伟计划的大力支持者。

在卡尔·林奈看来，以皇室为植物属命名是合适的，所有植物学的命名都始于他的作品。他写道："我保留了来自诗歌的属名，想象中的神的名字，献给国王的名字，以及那些促进植物学发展的人的名字。"这其中没有关于皇后的内容，但夏洛特皇后肯定可以说是植物学的推动者。

夏洛特皇后是来自德国北部一个相对较小的"落后"公国的公主，在1760年英国国王乔治三世登上王位不久之后就嫁给了他。国王的使者描述她为："……不是一个美女，但她和蔼可亲"。对她有利的一点显然是她对政治没有兴趣。因此，在1761年，17岁的她来到了一个语言不通的国家，结婚并成为夏洛特皇后。乔治三世非常迷恋乡村和乡村生活，别人称他为"农夫乔治"。也因为这样，皇室成员们在他们位于伦敦郊区里士满和邱园的住

弗朗西斯·马森（1741—1805）是一位杰出的植物猎人。他离开南非后，去了加勒比海，在途中曾经被海盗抓住过，后来又去了北美。

所度过了很长一段时间。这对夫妇后来生了15个孩子，其中13个活到成年。这无疑使乡下的房子显得有些拥挤。夏洛特因为不会说英语曾遭受孤立，后来也一直带着很重的德国口音。她也很不喜欢她的婆婆皇太后，因为她经常干涉他们的家庭生活，她的许多随从是皇太后任命的。

皇太后去世后，他们一家拥有了位于邱园的王室住所，并开始大规模地开发花园。国王和王后都非常关注约瑟夫·班克斯的探索，乔治和班克斯有许多共同的兴趣，两人都拥有很多土地，对农业和羊群感兴趣，而且他们在乡村的非正式环境中相处得很愉快。班克斯很快就成为皇家花园的非正式顾问。无论在白金汉宫，还是她在邱园附近的小别墅，王后都热衷于园艺。她和她的大女儿们向当时的专家们学习植物学，向一流的植物学艺术家学习花卉绘画，并在假日里搜集植物组建自己的植物园。她们的努力有时会得到相当谄媚的赞美，尽管在这里我不确定这些赞美是给谁的——植物还是公主们：

"邱园里没有一株植物（其中包含了地球上所有精选植物）不是由亲切的皇后陛下或公主们绘制的，画的优雅和技巧反映了她们的至高美誉。"

国王夫妇因其尽责的态度而受到公众的高度赞赏。他们关系非常亲密，如果乔治死了或无法执政，夏洛特就要接替他来统治整个国家。但是在 1765 年，乔治第一次狂躁发作时，夏洛特却对此一无所知。在电影《疯狂的乔治王》（*The Madness of King George*）中，乔治的疯狂被认为是遗传性的卟啉症造成的，在这种情况下，被称为卟啉的化学物质会在体内积累，但很多人认为他的病是一种精神病学意义上的急性狂躁症。1788 年，乔治再次发病，使夏洛特非常痛苦，她坚持要陪他到邱园接受治疗。鹤望兰就是在这个时间献给她的，当然是为了感谢她对皇家花园的植物和园艺的支持，不过班克斯可能也知道，他需要说服夏洛特继续实施他在邱园建造皇家花园的宏伟计划。现在的邱园皇家花园成了全世界羡慕的对象，虽然这不一定是他的本意，但这一切都得益于班克斯与国王和王后的紧密关系。

这张英国自然历史博物馆的鹤望兰植物标本是从英国皇家植物园的一株植物上采集的，也许是从马森寄来的原始材料上采集的。

鹤望兰科属于姜目（Zingiberales）的八科之一。这些植物都可以被称为巨型草本植物：体积大，非木质化，叶子宽大，像香蕉叶。天堂鸟可以长到大约 2 米高，这导致不是每株植物都能在花园里找到生长空间。当鹤望兰第一次被引入欧洲时，情况确实如此。为了种植这种"真正的极品"植物，必须建造一个大型、供暖良好的温室。如果说鹤望兰属让你觉得很壮观，那么鹤望兰科（Strelitziaceae）中的其他两个属更是超乎寻常。圭亚那的渔人蕉属（*Phenakospermum*）和马达加斯加的旅人蕉属（*Ravenala*）（又名旅行者的手掌）是高大的树状植物，有巨大厚重的花序，生长在热带雨林中。两者都是由哺乳动物授粉：生长在圭亚那的渔人蕉属由蝙蝠授粉；生长在马达加斯加的旅人蕉属由狐猴授粉。

巨大的大鹤望兰（*Strelitzia nicolai*）是一种真正壮观的植物，它可以高达 6 米，每片叶子几乎有 2 米长，呈扇形排列。

　　所有的鹤望兰属植物都是鸟类授粉的，但不是所有的鹤望兰都有橙色和蓝色的花朵，其他鹤望兰有白色的萼片和蓝色或白色的花瓣。有人认为，鹤望兰的萼片从白色变为橙色，是与织巢鸟授粉有关，或者更有可能是与植物生长的环境有关。鹤望兰生长在南非沿海的奥尔巴尼灌丛（Albany Thicket）植被区的开放灌丛中，在那里橙色比白色更明显。其他物种，如大鹤望兰（*Strelitzia nicolai*）是森林植物，白色会在"单调"的绿色中脱颖而出。鸟类也会被鹤望兰属的种子吸引，这些种子周围有一个颜色鲜艳、富含脂肪的结构，称为假种皮。这些假种皮的颜色是很特别的亮橙色，来自胆红素类。这种胆红素类以前只知道在动物身上出现，是使血液呈现红色的血红蛋白前体的分解产物。

　　1790 年，当柯蒂斯在为他狂热的读者描述这种植物时，他说："……它肯定一直是一种非常稀有且珍贵的植物。"几乎不需要补充的是，它肯定是一种以女王之名命名的好植物，而且，更好的是，它现在是南非生物多样性研究的标志，南非是全球最大的生物多样性热点地区之一。

单室林仙属（*Takhtajania*）

阿尔缅·列昂诺维奇·塔赫塔江（Armen Leonovich Takhtajan）

科： 林仙科（Winteraceae）
属下种数： 1
分布： 马达加斯加

很难想象，仅仅在大约 70 年前，人们还没有普遍接受"大陆板块漂移"学说：地球上的大陆并不一直在今天的位置上，是它们随着地质时间的推移而移动的结果。20 世纪初，德国地球物理学家阿尔弗雷德·魏格纳（Alfred Wegener）提出，各大洲曾经是一个连在一起的超级大陆，今天我们称之为泛古陆。他的理论依据是动植物化石的分布，以及今天各大洲的轮廓，它们似乎像拼图的碎片一样能拼在一起。其他人认为这些想法是天方夜谭，部分原因是他没有解释板块是如何移动的。但他的想法确实解释了许多局限在南半球的植物类群的特殊分布模式。这些植物曾出现在古老的冈瓦纳大陆（Gondwana）上，并随着大陆漂移到它们今天出现的地方。冈瓦纳大陆由今天位于南半球的那些陆地组成，主要是南美洲、澳大利亚和南极洲，也包括印度和马达加斯加。冈瓦纳植物包括南青冈属（*Nothofagus*）、帝王花属（*Protea*）以及它们的近亲植物，还有林仙科（Winteraceae），马达加斯加特有的单室林仙属（*Takhtajania*）就属于该科。

地球表面是由各大板块组成的，板块边缘不断被来自地球中心的火山和构造活动所挤压。像喜马拉雅山或安第斯山这样的山脉就是在板块碰撞时产生的，这也是火山活动最频繁的地方。我们现在知道，板块构造运动不仅深刻地塑造了各大洲的分布，而且也塑造了其上生物的分布。在争论的早期，像委内瑞拉人莱昂·克鲁瓦扎（Leon Croizat）这样的科学家主张把地理隔离作为解释植物分布的主要机制，它们之所以有今天的分布，是因为它们过去在原始大陆分裂前就是如此。然而，另一些人则主张把海洋上的远距离扩散作为解释这些分布的主要机制。正如科学中经常发生的那样，当证据不断被发现时，争论就会变得异常激烈。随着DNA测序数据被用于研究植物的进化关系，结果表明大多数开花植物类群的年龄太年轻，地理隔离不可能是它们在大陆上分布的主要原因，因此远距离扩散占主导地位。

但是，随着越来越多的证据的出现，人们不仅清楚地认识到开花植物的起源不仅比以前认为的更早，而且在随后的时代，多种事件混合发生，一些是由于沧海桑田的地理隔离，一些是通过短距离或长距离的扩散。事实上，单室林仙属似乎是唯一分布在马达加斯加的开花植物，它的分布可以用冈瓦纳大陆的地理隔离来解释，或者说用这个古老的超级大陆的分裂来解释。大约1.75亿年前，冈瓦纳大陆开始分裂，大约又过了5 000万年，包含马达加斯加、塞舌尔和印度的板块才断裂。大约1.16亿年前，这些板块之间的联系还仍然存在，也是今天仅由单室林仙属组成的单系开始分化之时。单室林仙属是林仙科其他植物的姐妹群。如果你把林仙科看成一棵Y型树，单室林仙属是其中一个分支，该科的其他成员都在另一个分支。这并不意味着单室林仙属是古老的，甚至是原始的，它只是一个单系的唯一代表，其分布可以通过追溯到地质年代的地壳运动来解释。

这种马达加斯加特有树木分布的异常特点，在它首次被描述为合轴林仙属（*Bubbia*，主要分布在澳大利亚）中的一个物种时就被提到了。它来自50多年前采集的一个标本，当时甚至都不能确定它是合轴林仙属植物，因为它并不适合归入林仙科的其他属，只能放在合轴林仙属。通过随后的研究，仍然使用的是1909年采集的那个标本，科学家们确信它不属于合轴林仙属，为"纪念列宁格勒杰出的系统学家和植物地理学家"——阿尔缅·塔赫塔江，以他之名，成立一个新属。

马达加斯加西北部的潮湿森林，比如察拉塔纳纳山（Tsaratanana），是许多当地特有物种的家园——包括植物和动物。

阿尔缅·列昂诺维奇·塔赫塔江（Armen Leonovich Takhtajan）并不是在列宁格勒（现在的圣彼得堡）开始他的植物学研究的，但他在那里度过了大半生和大部分的科学生涯。拥有亚美尼亚血统的阿尔缅·塔赫塔江出生于有争议的纳戈尔诺 - 卡拉巴赫地区（也称纳卡地区）的舒沙，该地区长期以来一直是亚美尼亚和阿塞拜疆之间的冲突地区。塔赫塔江对活植物和化石都感兴趣，在第比利斯（格鲁吉亚）和埃里温（亚美尼亚）两地进行学习。20 世纪 30 年代末，他成为埃里温大学植物研究所的所长，并在亚美尼亚科学院建立了研究进化和古植物的综合部门。他在国内和国际上都得到广泛认可。1946 年，他因"在伟大的卫国战争中的英勇行动"而被授予一枚奖章。1947 年，亚美尼亚苏维埃社会主义共和国最高委员会授予他荣誉证书，表彰他在大学里对优秀学生的培养。但一切并不顺利，在当时的苏联，科学研究面对着很大争议和压力。一张摄于 1944 年塔赫塔江和他的同事安德烈·费德洛夫（Andrey Federov）的照片背面写着："审查员同志，请跳过这张照片！他们是埃里温植物学家费德洛夫和塔赫塔江。"两个人都站在他们的科学立场上，用近乎挑衅的目光盯着外面。1948年，在特罗菲姆·李森科（Trofim Lysenko）和他的同事（见丽豌豆属*Vavilovia*）的影响下，政府认为"生物科学最重要的领域……掌握在反米丘林派、魏斯曼派-孟德尔派-摩尔根派手中，这是不可容忍的。"尽管几年前塔赫塔江已经加入了苏联共产党，但他还是被指控为"魏斯曼派-孟德尔派-摩尔根派"，并被解除了植物学研究所所长职务和大学里所有职务。在这次对进化生物学家的清理之后，大学里有人提出了关于"塔赫塔江教授的错误"的论文主题，塔赫塔江开玩笑说，他将是这个题目的最佳导师。

尽管受到这样的指责，一年后他还是被邀请到列宁格勒，在列宁格勒国立大学建立了一个新的进化植物学中心，将活体植物和化石研究结合起来。他是这种整合的早期倡导者，对活体植物关系的理解是建立在对过去有很好的理解的基础之上。作为科马洛夫植物研究所的主任，他开始发表一系列描述苏联植物化石的文章，同时还开发了所有活体开花植物的分类系统。他的系统是我开始学习植物学时第一次学到的系统，它就像与他一起工作的美国的亚瑟·克龙奎斯特（Arthur Cronquist）或罗伯特·索恩（Robert Thorne）等人开发的系统一样，但在科的划分上有所不同，这使它更难记住，但也使科的特征变得更清晰。他还与其他植物学家一起开发了一个植物区系系统——一种根据植物分布将世界划分为不同区域的方法，类似于阿尔弗雷德·拉塞尔·华莱士在19世纪末为动物提出的方法。他的系统是围绕植物区域（如古热带地区）组织的，每个区域都有几个植物地区（如马达加斯加地区），这些地区本身又被划分成几

阿尔缅·塔赫塔江（1910—2009）连同苏联政府为他颁发的奖章，被他的故乡（纳戈尔诺－卡拉巴赫）所纪念，当然还有一枝单室林仙的花。

个植物省。在这个系统中，马达加斯加和印度洋的塞舌尔群岛之间的关系很清楚，两者都在同一个塔赫塔江植物地区。

单室林仙（*Takhtajania perrieri*）经常被描述为"活化石"，但它在很大程度上是一种当代的植物，因为森林受到人类活动、气候和其他环境变化的影响而处于濒危状态。

尽管用于开花植物分类的"塔赫塔江系统"现在已经被基于 DNA 测序数据分析所取代，但他对植物进化的系统学思考却影响深远。他侧重于将化石数据用于研究活体植物的关系，将地质学和植物学联系起来，这在今天已成为一种常态。因此，以他之名命名单室林仙属非常合适，它最能证明地壳的地质运动对植物分布的影响，它是沧海桑田的证据。

在阿尔缅·塔赫塔江一生的多数时间里，单室林仙属植物只有 1909 年那次采集的标本。自从它被定名以来，植物学家一直试图再次找到这种植物，但都没有成功。采集它的地区，马农加里沃山地（Manongarivo Massif），位于马达加斯加西北部的山区，森林茂密，坡度陡峭，要寻找这种植物并不容易，简直是大海捞针。但在 20 世纪 90 年代初，马达加斯加的采集者在东南方向约 150 千米的森林中采集到一种植物，它是一种小树，现场没有鉴别到物种。但是，当标本送到标本馆后，经过仔细检查，哇！这就是单室林仙属。单室林仙属又被发现了！这是一个特大新闻，大到发表在《自然》（*Nature*）杂志上，而《自然》杂志通常并不刊登植物发现的文章。来自马达加斯加、法国和美国的植物学家们一起行动起来，从这个种群中采集新的材料用于更详细的研究，包括揭示它与科内其他成员的关系。其中一份新采集的标本，被赠送给了阿尔缅·塔赫塔江，作为科马洛夫植物研究所为他庆祝 87 岁生日的特别活动中的特别礼物，这是一份超级棒的礼物。

大家如此关注单室林仙属的再次发现，部分是由于它以前的证据太少，但也因为它是可以追溯到恐龙时代的"活化石"。由于其木材中缺乏导管，林仙科植物长期以来被认为是开花植物中比较"原始"的。植物通过其茎部的木质部运输水分。木质部是一个由很多中空的死细胞构成，并通过细胞端壁的穿孔相互衔接的系统，这些高度特化的细胞称为导管。水通过这些细胞从根部被吸到叶子上，通过叶子背面的气孔进行蒸腾作用提供动力。想象一下，在高大的树木中，甚至在单室林仙属这样的小树中，这个液压柱必须承受多大的压力。狭长的管胞由单细胞形成，侧面有孔，这些在所有维管植物中都有。但导管是较短、较粗的细胞，末端平坦有穿孔，只存在于开花植物中，也就是在除了林仙科的成员之外的所有开花植物中。在 20 世纪 90 年代再次发现单室林仙属之前，它的木材结构一直是一个谜，但新的采集标本证实它的木材中确实没有导管，只有管胞。对很多人来说，这证实了单室林仙属是一个"活化石"，是在导管进化之前的古代植物的残余，是不需要导管的过去时代的衰落残余。然而，关于林仙科的关系的证据表明，情况并非如此。林仙科植物被嵌套在其他开花植物的单系中，如睡莲科、木兰科和樟科，而它们都有导管。因此有人认为，林仙科植物失去了导管，长期以来被认为是像花一样，是有花植物的重要进化，因为导管在发生冻害时是不利的，导管在反复的冻融事件中表现不良。据推测，这种事件在数百万年前林仙科植物进化的地区经常发生。无导管的木材可能不是古老特征的标志，而是一种衍生特征，使这些植物在其环境中具有优势，使它们能够在频繁的冻融事件中保留叶片，从而保留光合作用能力。因此，也许单室林仙属不是一个"活化石"，而是证明了植物在面对环境变化时的抗逆性和适应性。

在重新发现这种小而壮观的林下植物后的几年里，植物学家开始寻找单室林仙属的另外一个种群。在世界自然保护联盟的红色名录中，它被列为濒危物种，同时还有许多马达加斯加其他特有的物种。由于过度开发、农业用地的增加以及气候变化导致火灾发生率的增加，马达加斯加近三分之二的特有植物面临灭绝的危险。我们所有人都有责任让这种神奇的植物生存下去，它的重新发现引发了国际上对植物保护和生存的广泛关注。用苏斯（Seuss）博士书中小小的、毛茸茸的活动家洛拉克斯的话说，他对整个森林的破坏感到悲哀："除非有人像你一样真正在乎，否则一切都不会变好，永远不会。"

丽豌豆属（*Vavilovia*）

尼古拉·瓦维洛夫（Nikolai Vavilov）

科： 豆科 [Leguminosae (Fabaceae)]
属下种数： 1
分布： 土耳其和高加索地区至伊朗

我相信，大多数人都听说过特罗菲姆·李森科（Trofim Lysenko），他在斯大林时代给苏联农业造成了灭顶之灾，但很少有人知道，他所取代的那个卓越人物尼古拉·瓦维洛夫（Nikolai Vavilov）的故事。

尼古拉·瓦维洛夫是俄罗斯最早的遗传学家之一。在第一次世界大战爆发之前，他在英国约翰·英纳斯园艺研究所师从威廉·贝特森（William Bateson）。贝特森是首次使用遗传学一词来描述遗传研究的科学家。我们现在很难相信，但在当时，孟德尔遗传的想法是极具争议的。今天所有学校的学生都学过，像粉红色的花朵、有褶皱的种子、蓝眼睛或卷发等特征是由染色体上的基因决定的，这些基因以不同的形式从父母那里遗传下来，即所谓的显性基因和隐性基因。孟德尔的实验是用豌豆完成的，因此，以

尼古拉·瓦维洛夫（1887—1913），在悲惨波折的一生中，他努力使用最新的科学手段来帮助人们，但他的国际形象使他与当权者不睦。

美丽的丽豌豆（*Vavilovia formosa*）的亮粉色豌豆花真正诠释了这种高山植物的学名——丽豌豆。

孟德尔的伟大支持者瓦维洛夫之名命名一种豌豆，再合适不过了。

瓦维洛夫在英国师从贝特森期间，学习了新的遗传学知识，并在战争结束后，以一种新的和改变世界的方式将知识应用到科研中。1918 年，他被任命为莫斯科南部伏尔加河沿岸城市萨拉托夫的农学教授。他早期去了伊朗和现在的帕米尔山脉地区，也就是现在的塔吉克斯坦，收集了适合当地的谷物品种，擘画了为革命服务的宏伟蓝图。瓦维洛夫从当地农民那里了解到，在当地条件下培育的作物表现更好，他决心利用新的遗传学知识来为新兴的苏联改良作物。植物育种作为一门科学是与遗传学一起出现的。因而遗传学的许多早期工作是在植物上完成的，这不足为奇。在认识到性状可以遗传之前，作物也会得到改良，但有了遗传学知识之后，就可以将作物与当地品种或野生物种进行杂交，并将感兴趣的特定性状引入新作物中。

1917 年革命后的那几年，饥荒和纷争不断。萨拉托夫周围内战连连，打乱了瓦维洛夫的各种作物育种实验。他在给朋友的信中说道："农学院农场的那块地现在比较安全，因为它离士兵的营地很远。到目前为止，士兵不算多，但我们预计在不久的将来士兵的数量会增加，因此播种会有危险。去年种的向日葵就被完全摧毁了。"在整个内战期间，瓦维洛夫没有中止研究，他的工作受到了政府的赞扬。1920 年，他发表了一篇演讲，这使他一举成名，但也可能因此加速了他的坠落。通过对农作物当地品种和野生近缘种的研究，他提出了所谓的"遗传中的同源系列定律"，这是一个简单却显得很笨拙的标题。瓦维洛夫用他的"定律"为寻找作物改良新性状的植物育种专家找到了一系列简单的规律。他观察到，在近源种、属甚至科的植物的不同生长发育阶段，可以发现相同的特征，比如叶子的大小或茎的硬度。因此，寻找新变异的植物育种专家首先要做的，就是在一个物种的近源种中观察其特征，然后来填补它的空白。他的发现比肩元素周期表，被誉为作物改良的一个突破，而他也被赞为"生物学家的门捷列夫"。

　　瓦维洛夫在萨拉托夫周围建立了新的农场，同时获得了在全球寻找植物的资金，并且他被任命为彼得堡（后来是列宁格勒，现在是圣彼得堡）种植业局（或应用植物局）的局长，对于一个一心想要改善苏联农业的植物育种学家来说，这是最高的职位。很快，瓦维洛夫就把他的研究所搬到了北方的前沙皇宫殿，并继续他的工作。植物探险队不仅继续前往苏联帝国的偏远角落，还扩展到非洲、南美洲和亚洲。在种植业，瓦维洛夫的兴趣从小麦和黑麦扩展到了所有作物，从茄子到咖啡，从西红柿到西瓜。他开始构思彻底改变各地植物育种的宏伟目标。他以农作物及其野生近缘植物为重点进行收集和探索，从而提出了栽培植物起源中心学说。

　　在 1924 年，大饥荒期间，以弗拉基米尔·列宁为首的中央委员会派瓦维洛夫到美国进行粮食援助谈判，苏联农业从他这次旅行中受益，获得了以供未来种植的种子。苏联革命后，瓦维洛夫经历了多次饥荒，这使他决定要用科学来改善这种状况，"要防止下一次饥荒，就要从现在开始准备。"幸运的是，用科学改善农业的方法引起了列宁的共鸣，瓦维洛夫成为苏联科学界的明星之一，在采集、访问并与他钦佩的国际科学家建立联系方面获得大力支持。

他在"相当困难"的阿富汗成功完成了采集活动，这为他赢得了奖章和奖项：考察金奖，列宁奖。但到1925年，列宁去世，权力移交给了斯大林。当瓦维洛夫继续访问世界各地的植物育种专家和农业站学习经验，并派他的工作人员到世界各地收集种子时，国内却危机重重，饥荒接连不断。1929年，他入选几个欧洲国家的科学院，并被任命为全联盟列宁农业学院的院长，他一时风头无两。但是在同一年，斯大林宣布"彻底告别过去"，寻求改变苦难的道路。人们开始寻找"破坏"的罪魁祸首，而那些在革命初期得到大力支持的科学家精英们则成了焦点。

瓦维洛夫和同伴的大部分采集工作，都集中在苏联的高度多样化的地区，包括被称为高加索的南部地区——俄罗斯最南部的山脉以及今天的格鲁吉亚、亚美尼亚和阿塞拜疆，东至伊朗，西至土耳其。这些山脉是全球生物多样性热点之一，那里分布着许多特有物种，长期以来一直被认为是天然屏障，更准确地说，是欧亚之间的十字路口。正是在这里，在现在的阿塞拜疆的希纳里克山，采集和描述了现在被称为丽豌豆属（*Vavilovia*）的小豌豆，它起初被划为线叶山黧豆属（*Orobus*）的成员。这种开着艳丽洋红色花朵的小植物生长在高海拔的碎石坡上，尽管像大多数植物一样，它的种群数量极少，但是它并没有被正式列入国际自然保护联盟（IUCN）的红色名录中。丽豌豆（*Vavilovia formosa*）（其种名在拉丁语中是美丽的意思）与我们常见的豌豆（*Pisum sativum*）和家山黧豆（*Lathyrus sativus*）关系紧密；两者都是人畜食用的极为重要的豆类。豆类或豆科成员的种子因其营养价值而成为人类饮食的关键组成部分。它们通常被称为豆类，蛋白质含量高，而且植物本身可以固氮并改善土壤。

因此，植物育种学家对丽豌豆属植物非常感兴趣，因为它能够在高加索地区恶劣的山区条件下生存，并且是多年生植物，而普通的豌豆是一年生植物。多年生作物对环境更有利，因为它们可以限制土壤侵蚀，保留更多的养分，通常被认为有助于缓解和适应气候变化。因此，这种高山豆类肯定是瓦维洛夫的采集目标，他肯定采集过它的种子。1990年，在圣彼得堡就尝试用种子进行栽培。今天，在适应气候的植物育种方面，丽豌豆属

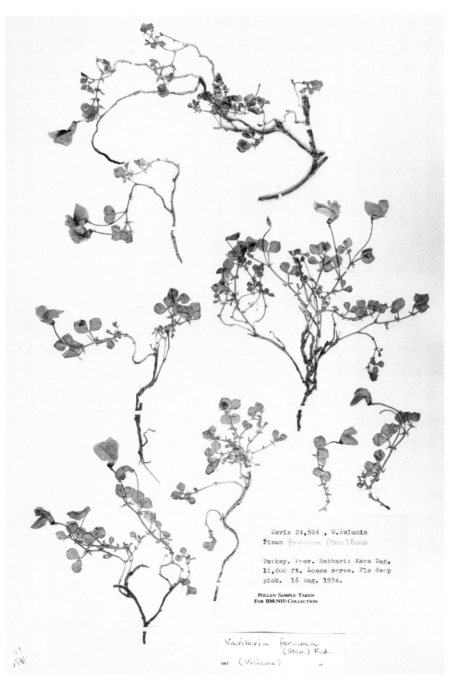

Davis 24,504 , O.Polunin
Pisum formosum (Stev) Boiss.

Turkey. Prov. Hakkari: Kara Dag,
11,600 ft. Loose scree. Fls deep
pink. 16 Aug. 1954.

POLLEN SAMPLE TAKEN
FOR BM(NH) COLLECTION

Vavilovia formosa
(Stev.) Fed.
DET (Vicieae)

与我们种植的一年生豌豆不同，丽豌豆是一种多年生植物，在其自然分布区的山坡上，在那粗糙岩石砾石土壤中，它可以存活多年。

越来越受关注。世界各国也正努力将其引入种植，并评估剩余种群的保护现状，这意味着这种美丽的小豆子仍然对世界农业有很大的贡献。

植物学家安德烈·亚历山德罗维奇·费奥多罗夫（Andrey Alexandrovich Fedorov）认为这种高山豌豆有别于其他所有豌豆，将其命名为丽豌豆属。他本人并没有采集过这种植物，也不是瓦维洛夫植物育种团队的成员，但很明显，他非常尊重瓦维洛夫。但是，以一位职业受到当权者攻击的科学家之名命名一个新属，并不是一件容易的事。1939年，费多罗夫首次给这种小植物命名。同年，瓦维洛夫对高加索地区进行了一次植物考察，这是他倒数第二次进入该地区。

1939年，当瓦维洛夫在高加索地区时，整个遗传学在苏联受到攻击。"赤脚科学家"特罗菲姆·李森科在职业生涯早期曾得到瓦维洛夫的支持和帮助，他提出了基于后天性状的遗传来改进农业的想法。他承诺通过将种子暴露在寒冷环境中，可以使小麦产量增加五到十倍，斯大林对此深信不疑。李森科取代了瓦维洛夫，被提升为全联盟列宁农学院院长，涉及遗传学的植物育种研究报告也被阻止出版。瓦维洛夫继续捍卫遗传学及其对植物育种的贡献，从而为防止饥饿和饥荒，但无济于事，他处处受阻。双方的公开对抗开始变为对马克思主义理论的接受和对农业的应用，科学不再是答案的一部分。瓦维洛夫被认定为"破坏者"，他时日无多，但他从未投降。他计划在1940年发表的一篇论文的标题显示，他仍试图维持科学家的角色，"从辩证唯物主义的角度看染色体理论"。

当斯大林政权结束，人们放弃对李森科伪科学的灾难性依赖时，瓦维洛夫在他自己的国家得到了"平反"。1987年，人们公开庆祝了他的百年诞辰。为了纪念他，他领导了多年的研究所被重新命名为瓦维洛夫全俄植物工业研究所。今天，该研究所是一个全球作物研究中心，尼古拉·瓦维洛夫会为此感到自豪。基于瓦维洛夫关于栽培植物起源中心学说和作物野生近缘植物重要性，在寻求使农业适应气候和环境变化的威胁方面，植物育种本身就占据着首要位置，这是这位伟人的另一项遗产，美丽的丽豌豆属就是为他而命名的。

扇菊木属（*Vickia*）

薇姬·芬克（Vicki Funk）

科：菊科［Compositae（Asteraceae）］
属下种数：1，可能已灭绝
分布：巴西南部

当今时代一个最大的悲剧，就是一些物种甚至属在可能已经灭绝的情况下，才被承认其独特性并被描述。扇菊木属（*Vickia*）就是如此。扇菊木属是巴西圣保罗（São Paulo）周围地区的一种小灌木，在19世纪，首次被著名的菊科专家克里斯蒂安·弗里德里希·莱辛（Christian Friedrich Lessing）描述为绒菊木属（*Gochnatia*）的圆叶绒菊木（Gochnatia rotundifolia）。之后，它就一直在那里，鲜为人知，鲜有采集。直到21世纪，当今的菊科专家对解开巨大的、迷人的、物种丰富的菊科植物的进化关系产生了兴趣，它们复合的"花"是由许多单独的小花组成的一个头状花序。那么，你可能会问，什么是"菊科专家（synantherologist）"？简单地说，就是指一位研究菊科植物的专家。这个词是由法语单词 synanthérées 演变而来，它指的是这个科特有的特征——花药聚合。

这件保存在邱园的扇菊木属（*Vickia*）植物标本，是在1950年在贾巴尔普尔（Jabaquara）附近所采集，那里现在是巴西圣保罗市的一个区。

仔细观察向日葵，你可以看到中间每朵小管状花的花药都在边缘聚合成一个圆柱形的管，这就是聚药雄蕊。花药管是储存花粉的地方，相当于携带雄配子的雄性器官。当花药打开释放花粉，准备让授粉者将其带到另一朵花上时，花粉就被储存在这个管里。当花柱和柱头穿过花粉管向上生长时，花粉被封闭柱头下的特化毛状物推出，送给前来觅食的蜜蜂、苍蝇或其他传粉者。稍后，柱头成熟并准备接受另一株植物的花粉，以确保异交并维持遗传变异。但是，如果没有传粉者携带足够的花粉访问该花，使胚珠受精，柱头就会向下卷曲，接触来自它自己花朵的残余花粉，确保产生种子。所有这一切都发生在这些迷你的小花中，这就是向日葵种子的形成过程！

菊科是一个巨大的植物家族。科内有大约 32 000 个物种，种类繁多，可与兰科媲美。在过去的几十年间，那些研究菊科植物的生物学家们（菊科专家）紧密合作，探究该科众多属和种之间的进化关系。薇姬·芬克（Vicki Funk），即扇菊木属的名字来源，她拥有一种顽强的毅力，把该科植物汇集成一本厚重的巨著，并于 2009 年出版。这部巨作涉及野外植物探究、形态学分析和 DNA 测序，从而得出这些植物的单系及其在时间和空间上的关系。大部分菊科植物的多样性被发现在我们所认识的紫菀、向日葵和它们的近亲植物中，它们在全球很多地区都有爆炸性的多样性。与这一种类繁多的单系最接近的，是绒菊木亚科（Gochnatioideae）的类群，它们的物种多样性是该科的 96%，而且全都分布在美洲。当植物学家开始详细研究这个亚科时，他们发现科内物种所确认的属并不是一个单系，其中包含彼此亲缘关系不是最近的物种，绒菊木属尤其混乱。结合 DNA 测序结果和形态学（植物的外部特征：如花柱的形状、花药的附属物和花中刚毛的数量）观察，他们将绒菊木属分成了几个有意义的、可以被识别的分类群。有时这种属的划分被称为"分裂"，分类学家经常被描述为"主分派"或"主合派"。

圆叶绒菊木非常神秘。它与绒菊木属另一个特别的种分在一起，它"缺乏任何已知的特征，我们无法为它确定一个属……它们只被采集过几次，我们无法从现有材料中提取有用的 DNA。"尽管 DNA 序列数据可以告诉我们很多关于进化关系的信息，但它并不是绝对可靠的。因此，当薇姬的同事决定更仔细地检验圆叶绒菊木的独特性时，和薇姬一样，他们转向了形态学观察分析。其结果是将该物种划分为一个新属。为了纪念薇姬，他们将该属命名为扇菊木属。该属很少被采集，仍然很神秘，但它现在有了一个自己的名字，以纪念 20 世纪伟大的菊科专家之一。

扇菊木属与其他近亲植物的区别是叶子和花的组合特征，特别是圆形的硬叶，从基部伸出独特的三出脉。这可能看起来并没什么，但它在这一类群中的独特性以及通过观察确定这是可遗传的性状，使植物学家确信这些是"可以让我们确定一个属的特征"，尽管它只是一个单种属。他们并没有因为没有 DNA 测序结果而放弃，而是在支系分析中使用形态学特征提供证据，支持圆叶绒菊木作为扇菊木属的唯一物种。

在史密森尼学会办公室里，薇姬摆满了向日葵咖啡杯和雏菊海报等各类物品。尽管她的挚爱是菊科植物，但她也是我们理解世界及其关系、理

热带稀树草原是一片由稀树草原和稀疏森林组成的不断变化的嵌合体，生长在低营养、排水良好的土壤上。它被认为是一种古老的植被类型，可以追溯到冈瓦纳大陆的巨型大陆。

解系统发育学的真正改变范式的关键人物之一。作为我们对生命及其相互关系研究的一种科学，现代系统发育学主要是由 20 世纪初的德国生物学家维利·亨尼希（Willi Hennig）建立的。他建立了一种新的系统分类学（对自然界进行分类的科学）方法。亨尼希的方法，也被称为支序系统学派，包括使用特征以特定的方式对物种进行分组。袋熊和人类有共同的骨架、四肢和皮毛，这使它们结合成一个范围较大的群体，这就被称为支系，是支序系统学派这个词的词根，支系是由其特殊的共同特征来划分的。这并不意味着人类是袋熊的后裔，反之亦然，它只是说明袋熊和人类拥有鱼类或昆虫等没有的共同特征。描绘这些嵌套共同特征的分支图（系统发育树或分支图）代表了一种新的、更科学的观察自然的方式，它通过个体本身的特征进行分类，而不是仅仅依靠某个专家的看法。薇姬是这群科学家的核心人物，也是最早的植物学家之一，她用亨尼希的方法来研究她心爱的菊科植物之间的进化关系。在这群满是男性科学家的科学争论中，她常常是唯一或极少数女性之一。就像围绕达尔文最初提出的自然选择进化论一样，系统发育学（或称支序系统学）也是科学争论的主题，但争议更多。

我们知道，有些东西在生命的长河中不止出现过一次，拿翅膀为例。蝴蝶和蝙蝠的翅膀在结构上并不相同，但是，这两种类型的生物互相独立地进化出了飞行的"解决方案"。翅膀这一特征在分支图或系统发育树中的分布让我们能够做出一种假设，并使用其他特征来检验它。每一支系统发育树都不是真理，而只是一个关于生物关系的假设，随着新证据的出现而改变和调整。新的个体或特征都可以篡改甚至导致我们拒绝系统发育的假设。就像哺乳动物的皮毛或绒菊木属的喙状花药，这些由共同祖先那里继

薇姬·芬克（Vicki Funk）（1947—2019）游历各地去寻找她心爱的菊科植物。她在做太平洋陆地生物地理学方面的工作时，登上了茉莉雅岛上的罗图伊山山顶。

承的共同特征被称为共近裔性状，简单地说，也叫共享衍征。这些特征可以用来定义包含来自共同祖先的所有物种的群体——单系。系统发育学的分类目标是识别单系群，无论它们是大还是小。可以这么说，系统发育学是让特征来代言。

系统发育学不仅仅是利用特征来检验有关支系成员的关系。亨尼希还强调了他所谓的"相互阐明"的重要性，也就是说要经常回去再次检查证据。薇姬对菊科植物发育的研究就是相互阐明的杰作。她和她的同事们用分子数据建立了一个假设，然后用形态学特征进行检测，然后再回去看分子数据。对她来说，这两者都很重要。

现在看来，我们每天都能看到冠状病毒变种的分支图，这一切都已经司空见惯。但我们现在将系统发育学作为我们看待世界的核心范式，在很大程度上要归功于那些 20 世纪初的先驱和呐喊者，尽管今天的方法已经在薇姬和早期支系学家们所使用的方法上有很大的进步。

对薇姬来说，科学是一种乐趣，植物是一种乐趣，各种人也是如此。她鼓舞了全世界的学生和同事。当人们回忆起她时，不仅仅是因为她是一位科学家，还因为她对生命、宇宙和万物的热情，具有强大的感召力。她在野外采集时的精力堪称传奇。在罗赖马山上被困时，她面对困境也超级乐观，坚持不懈地去追寻沟里的最后一株植物，她是一个永远的乐天派。她还具有幽默感，任何人都能接受她，她"能有效地消除隔阂，戳穿谎言。"在当今的科学界，一个人能影响许多不同的科学领域的情况并不常见，但薇姬就是其中之一。她不仅是菊科专家，还是分支学家，而且也是倡导建立以收藏为基础的自然博物馆的女性。她的重要性不仅仅体现在对生物体进行分类和鉴定，还体现在她不遗余力地帮助年轻的女同事，并积极倡导女性投身科学，她还是美国妇女历史倡议（American Women's History Initiative）的顾问，扩大了女性对植物学的贡献，推动了"芬克名单"的出现，致使维基百科上涌出大量女性科学家。她还建立了学术团体和合作网络，比如国际生物地理学会（International Biogeography Society）和国际菊科联盟（TICA），她总是愿意去尝试新鲜事物。她能慷慨地分享观点，但如果她认为你是错的，她也会大声地与你争论。她是一个真正的良师益友。

具有讽刺意味的是，以薇姬这个充满活力的人命名的属可能已经灭绝了。扇菊木只被采集过 23 次，大部分来自巴西圣保罗市周围的热带稀树草原。最近一次的采集记录是在 1965 年，此后，即使在该地区进行大规模搜寻，也都没有成功。当人们谈论巴西栖息地被破坏时，大多数人都指向规模大且常绿的亚马孙雨林，它们是生物多样性的代表。但在该地区，其他的栖息地也有丰富的生物多样性，生长着在其他地方找不到的物种，热带稀树草原就是其中之一。热带稀树草原是一片广袤的稀树草原，树木分布不均，遍布巴西南部和亚马孙流域以南相邻的国家。它是南美洲第二大生物群落，生物多样性的丰富程度令人难以置信。因为它看起来不像热带雨林，所以它被认为没有什么保护价值。我记得在一次科学会议上，有人展示了巴西的农业地图，并表示它不在亚马孙雨林地区，所以一切都不是问题。事实并非如此，热带稀树草原拥有地球上其他地方没有的特有植物和动物，它已经受到大规模单一农业和牧业的严重影响，据估计，今天其生物多样性只剩约五分之一。在圣保罗附近，曾经生长着扇菊木的热带稀树草原地区，现在就在城市的扩张范围之内。我们可能会很幸运，有一天，植物学家可能会在一片残存的热带稀树草原找到扇菊木。但在那之前，我们只能将这个名字，献给最热情的植物学家，时刻提醒着我们，应该怀着激情和无限的热情，珍惜和保护各种栖息地中仍然存在的生物多样性。

王莲属（*Victoria*）

维多利亚王后（Queen Victoria）

科：睡莲科（Nymphaeaceae）
属下种数：2
分布：南美洲

  关于南美洲巨型睡莲的文章和故事，前人已经写过很多，特别是在欧洲人第一次看到它们的时候。但是，这些壮丽的花朵长期以来一直是南美大河流域人民日常生活的一部分，并被记录在他们的传说和故事中。亚马孙流域的图皮人（Tupi），由于遭受疾病和欧洲人的虐待，几乎完全消失。关于巨型睡莲，他们讲述了一个凄美的爱情故事：

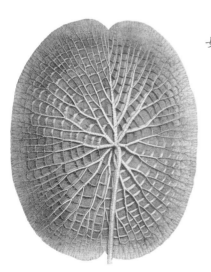

王莲粗壮的叶脉下方多刺，就像一个建筑网络，防止巨大的叶子沉入水中。

  "部落的长老们说，一天晚上，当酋长美丽的女儿瑙伊（Nauê）看到月亮在湖水中的倒影时，便爱上了它。从那时起，瑙伊就常去看那个倒影，巫师说，那是艾瓦卡（Iuaca）的王子。几天后，月亮从湖中消失了，瑙伊非常悲伤，患了相思病，一病就是一个月。一天晚上，在神志不清的状态下，她看到月亮再次映入湖中，为了拥抱她的爱人，她跃入水中，消失不见了。雷神图邦被瑙伊所感动，把她变成了湖泊中最美丽的花……"

  故事中的湖泊并不是我们认为的温带地区的

湖泊，它们是亚马孙河和巴拉那河的巨大河流改道时留下的牛角湖，与主河道时而相连，时而隔断，但水面平静无波。王莲属（*Victoria*）的两个物种都是这些静水的居民。欧洲的王莲"发现者"在第一次看到它们时，灵感喷涌而出，用大量华丽的辞藻来描绘它们。在英国，这种花被比作新上任的年轻女王——维多利亚（Victoria）。

维多利亚，直到最近仍是英国在位时间最长的君主。她是乔治三世第四子的女儿，从未被期待过会成为统治者。但由于英国皇室成员一连串的死亡和不育的婚姻，致使她在 1837 年从她的叔父威廉（William）手中继承了王位。她是独生女，从小受到母亲的高度保护和掌控，没有什么处事经验。在她满 18 岁的一个月后，她的叔父去世了，1837 年 6 月，她正式成为维多利亚女王。当时她还未婚，她不得不与她的母亲住在一起，她非常不喜欢这一点。正是在她执政的第一个阶段，在她仍然是一个 18 岁的未婚少女时，她的名字就和巨大的王莲联系在一起了。

王莲属（*Victoria*）第一次引起英国植物学家的注意，是在罗伯特·赫尔曼·尚伯克（Robert Hermann Schomburgk）寄给皇家地理学会的信中。他是一位普鲁士（Prussian）地理学家，1835 年，他受雇去考察英属圭亚那，这是一个由埃塞奎博（Essequibo）、伯比斯（Berbice）和德梅拉拉（Demerara）殖民地合并而成的地区，在拿破仑战争后割让给英国（现为独立国家圭亚那）。尚伯克寄回了他的探险过程以及日常观察翔实而生动有趣的介绍。他在 1837 年 1 月 1 日的日记中写道：

维多利亚年仅 18 岁时就被加冕为女王，在这之前一直过着受保护的生活。她缺乏处事经验，意味着她要寻求许多人的支持。英国植物学家私下或公开就王莲的命名问题进行了不体面的争论，这在很大程度上是为了讨好年轻的女王。

"……盆地南端的一些植物吸引了我的注意，……一个植物奇迹！我把所有的灾难都抛在一边，作为一名植物学家，我感觉自己得到了回报。我看到一片巨大的叶子，直径有五到六英尺（1 英尺等于 0.3048 米），像一个托盘，上面有一条宽大的浅绿色边缘，下面是鲜艳的深红色，平展在水面上。与叶子相媲美的是它壮丽的花朵，由数百片花瓣组成，从纯白到玫红和粉红，颜色深浅不一。"

此后不久，他和他的船员受到一群白唇猊的袭击，他不得不爬上一棵树，这是一段截然不同的经历！在 1837 年底，他在给学会寄的信中夹了这种花的草图，在植物学界引起了轰动。就在这幅画上，他表明把它赠送给新女王。在尚伯克叙述的一个脚注中，杂志的编辑近乎谄媚地写道：

"女王陛下已经欣然同意了这一点，并且还允许这朵花冠以王莲"VICTORIA REGIA"的名字。尚伯克先生将会非常高兴的得知他的发现——西半球最美丽的植物标本，今后将冠以我们年轻的君主之名，她本身就是"我们国家的玫瑰和希望。"

尚伯克的想法没有被记录下来，但他的发现引起了轰动，我肯定他会很高兴。在英国植物出版社的一系列文章中，这种植物被分别称为"Victoria regina、regia、regalis"，他们在匆忙发表这个"植物奇迹"的文章时，似乎丧失了拼写能力。

但是，尚伯克并不是第一个发回巨型睡莲记录的探险家。德国植物学家爱德华·弗里德里希·波皮格（Eduard Friedrich Poeppig）在巴西的亚马孙河畔采集时，于 1832 年正式将同一种植物描述为亚马孙芡（*Euryale amazonica*），比王莲属的描述早五年。1835 年，法国植物学家阿尔西德·德奥尔比尼（Alcide D'Orbigny）在阿根廷科连特斯附近沿巴拉那河采集过类似植物，并写过一篇文章，但没有命名。他在一个叫圣何塞河的支流附近，

随着王莲的叶子展开，坚硬锋利的刺撕裂其他争夺空间的植物，最终将它们推开，占据了水面。

一个静止的拐弯处，发现了"一种可能是美洲最美丽的植物之一"。他详细描述了这种植物，还记录了其当地瓜拉尼语（Guarani）名称——yrupẽ，"y"的意思是水，"rupẽ"的意思是大盘子，含义是它的叶子与瓜拉尼人使用的平筐盖子相似。

王莲属不仅仅为英国植物学家所知，在接下来的几十年里，这一发现在英国植物出版社引发了一系列辩论性的文章，解释王莲这个名字为什么必须要保留。在这些文章中，拼写错误和翻译错误比比皆是。所有这一切常常被归结为对帝国的争夺，但在我看来，这就像是人们想对一些非常特别的东西——一朵美丽的花主张权利。但植物学有其命名规则，其中之一就是最古老的名字有优先权，意思是先提出的名字应该比其他后面提出的名字具有优先使用权。1847 年，一位德国植物学家约翰·克洛泽（Johann Klotzsch）指出了这一点。1850 年，英国皇家植物学会秘书詹姆斯·德·卡尔·索尔比（James de Carle Sowerby）直截了当地指出：

"亚马孙的种名应该被保留，或者说，它不应该被改变。至于'女王陛下的许可'，我们的忠诚者也不必惊慌，因为似乎最有可能的是，在修订之前，'许可'只适用尚伯克爵士信中的属名——王莲属（*Victoria*），而女王（*Regina*）只是后来加上的词。"

　　这里的规则，也是植物学家仍然遵守的规则，就是最古老的名字就是我们优先使用的名字。因此，巨型睡莲最早被波皮格描述为亚马孙芡，所以它应该被称为这个名字，当然，除非它被认为属于芡属（*Euryale*）以外的另一个属。通过对比南美洲的植物与芡（*Euryale ferox*），也就是印度的刺睡莲或称芡，也是芡属唯一物种，发现了许多差异，尽管这两个属是彼此的近亲。这意味着尚伯克的发现可以使用王莲属（*Victoria*）这个名字。但是如果一个物种改变了属，正确的物种名称仍然是首先公布的名称，所以它的名称必须是亚马孙王莲（*Victoria amazonica*）。但是王莲（*Victoria regia*）

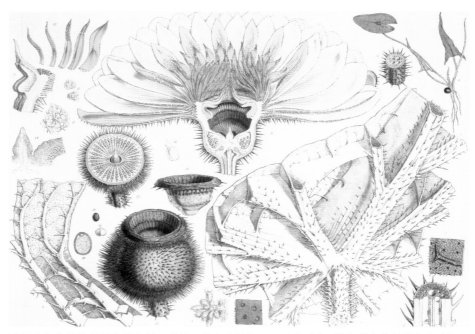

崭露头角的植物插画家沃尔特·胡德·菲奇（Walter Hood Fitch），用生长在伦敦锡永宫（Syon Park）温室中的植物，制作了惊人的、精美的、手工上色的亚马孙王莲（*Victoria amazonica*）花朵图版。

这个名字也继续被使用，一直到 20 世纪中期。现在，我们有了正确的名字。植物学家们的努力使规则更加清晰，使得今天的名称具有（相对的）稳定性。

德尔奥比尼对他在巴拉那河边发现的奇妙植物后人的描述感到非常不满。在 1842 年的一篇论文中，他尖锐地指出："1837 年，我看到我在莫克索斯省采集的植物以林德利（Lindley）华而不实的名字'王莲（*Victoria regia*）'呈现。"他很快就将他最初在巴拉那河流域采集的睡莲描述为克鲁兹王莲（*Victoria cruziana*），以安德烈斯·德·圣克鲁兹（Andrés de Santa Cruz）将军之名命名，他是南美的解放者之一，德尔奥比尼在玻利维亚时曾得到他的很多帮助。英国植物学家坚持不承认这是一个独立的物种，但他们错了。这个物种与亚马孙盆地的物种不同，它更能忍受低温，是现在亚马孙盆地以外的世界植物园里经常种植的巨型睡莲。王莲属的这两个物种都有特别的、上翘的叶缘，使漂浮的叶片看起来就像一种有边的盘子。克鲁兹王莲的边缘稍微高一点，下表面紫色，有纤细的绒毛，而不是红色和无毛，但叶子看起来非常相似。花也很像，两者都很大，在黄昏时分开放，并能产生热量。

印度的芡（*Euryale ferox*）的花与王莲的巨大花朵完全不同，但它们都有极富刺的花茎和花萼。

王莲的根埋在牛角湖底部，它们的花芽在水下形成。随着花茎的伸长，花蕾到达水面，准备开花。花朵在黄昏时分盛开在水面上，这是一幅壮观的画面。它们散发出强烈的香味，有人说它的香味让他想起香蕉或奶油糖和菠萝的混合物，并开始产生热量。在其自然栖息地进行测量结果显示：亚马孙王莲的花朵可以比它们周围的空气热近 10℃。这种热量有助于传播香味，再加上花朵的亮白色，吸引了那些以花朵中心的淀粉质结构为食的甲虫。随着夜幕的降临，花瓣逐渐开始变色，变成粉红色，并向仍在花朵中心进食的甲虫靠拢。到黎明时分，花瓣完全闭合，并保持这种状态直到

克鲁兹王莲（*Victoria cruziana*）是亚马孙地区以外的植物园中最常见的栽培品种。在里约热内卢，它们巨大的叶片使后面的睡莲相形见绌。

第二天黄昏，紫色花瓣开放，释放出沾满花粉的甲虫。它们飞出去，找到刚刚开放的白色花朵，芳香四溢，准备授粉。在被困在花中的这一天，甲虫吃的是花中心的淀粉质附属物，这是一个提供免费食宿的温暖客房。

当它们再次开放，释放被留宿的甲虫时，紫色的花瓣已经不再对昆虫有吸引力了。尚伯克曾在圭亚那的王莲花中观察到甲虫，他认为它们可能是圣甲虫的一种。在马瑙斯附近，亚马孙王莲的主要授粉者是一种新的圣甲虫。未来，在野外对王莲属的授粉研究肯定也会发现更多的昆虫新品种。一旦授粉，花就会沉入水面以下，在那里结出果实。当种子成熟时，果壁就会腐烂，种子漂浮在水面上，被水流带到新的合适的栖息地。如果水太深，王莲就不能生长，如果太浅，它就会干涸。而这些南美洲大河的水位波动，意味着只要让河流顺其自然发展，总会有一个地方正好适合王莲的生长。

王莲一直是许多事物的灵感来源。据说它是约瑟夫·帕克斯顿爵士（Joseph Paxton）在1851年伦敦世博会上设计的水晶宫的核心；最近又被认为是现代主义建筑师布鲁诺·陶特（Bruno Taut）1914年设计的格拉苏斯大厦的原型。那座建筑看起来就像亚马孙王莲的花蕾，完全由玻璃建成。对巨型王莲的第一朵花的狂热并不局限于植物学文献，该植物也是大众想象中的明星。

王莲很特别。当我第一次在圭亚那的河水中看到它时，我并不知道图皮人的传说，但这将是我永远铭记的形象：深爱着月亮倒影的少女，变成了一朵夜晚盛开、灿烂的白色莲花。

丝葵属（*Washingtonia*）

乔治·华盛顿（George Washington）

科： 棕榈科（Arecaceae）
属下种数： 2
分布： 美国西南部至墨西哥北部

　　我们并不完全清楚，为什么 19 世纪的德国植物学家赫尔曼·文德兰（Hermann Wendland）将这种优雅的棕榈树冠以 18 世纪的英雄和美国的第一任总统之名。他只说了一句话："对于这种以前被称为石棕属（*Brahea*）或丝金棕（*Pritchardia filifera*）的植物，我建议采用丝葵属（*Washingtonia*）作为其学名，让我们永远铭记这个伟大的美国人。"也许他想到了约翰·亚当斯列举的将华盛顿推向伟大的一系列特征——英俊的面孔、高大的身材、干练的外形和优雅的行为举止。

　　乔治·华盛顿甚至可能从未见过或听说过以他之名命名的非凡的棕榈树。丝葵属植物生长在现在的美国西南部和墨西哥北部的沙漠中。对丝葵属植物的首次书面描述是在 19 世纪中期，来自侦察队提供的绘制密苏里河和加利福尼亚海岸之间的干旱山地的地图。1846 年 11 月 28 日，埃默里少校写道：

棕榈的巨大叶子，作为植物标本很难压制。这里的叶基已经被切掉并展开，以显示带有纤维的边缘。

"……在小溪的尽头，我们看到了几个分散的物体，投影在悬崖上，佛罗里达州的老兵开始欢呼，它们有几棵长在一起，就像一群老朋友。它们是棕榈树，标志着那里有泉水，还有一小片草地。"

不到十年后，一队铁路测量员在现在的棕榈泉停留时说："周围的沙漠和棕榈树给这个场景增添了东方的气息。"这两组旅行者都看到了丝葵属的原生地，但直到后来它才被记录到植物学文献中。当时在墨西哥边境的调查中，他们鉴定采集到的树木时有一些犹豫不决，因为"Brahea？Dulcis？Mart."指的都是一种类似的棕榈树，从得克萨斯到尼加拉瓜都有分布。

与石棕属一样，丝葵属是一种扇叶棕榈。它因扇形叶子而得名，因为它的小叶都是从一个中心点长出，而其他一些棕榈树的小叶都是沿着叶轴长出来的，就像椰子树的叶子。这些小叶的边缘由纤细的白色纤维连接，因此加州这个种被称为丝葵（*Washingtonia filifera*）。它们极其高大、生长迅速，高达 25 米，顶部有优雅的簇状叶丛。在自然界中，树干上覆盖着壮观的枯叶"裙边"。与大多数棕榈树一样，丝葵属植物是单茎的，它的生长点在顶端。这个生长点为我们提供了美味的棕榈心，但在大多数情况下，采摘棕榈心会使棕榈树死亡。棕榈树被称为树，严格意义上来说是错的。真正的树木都有一层形成层，年复一年地使树干增粗，形成木材（称为二次生长）。棕榈树没有这

丝葵（*Washingtonia filifera*）的枯叶形成巨大的裙边，为鸟类和小型哺乳动物提供安全的筑巢场所，但种植这种植物却易发生火灾。

样的二次生长，它们实心、强壮的树干不是木材，而是完全由纤维组成的。但丝葵属植物确实漂亮、高大、优雅、曼妙。

随着美国向太平洋海岸的大规模扩张，美国和欧洲的科学家发现了许多新的植物、动物和景观。当然，生活在这些地区的原住民早已了解并利用了这种物种多样性。所以不能说是探险队"发现"了这些植物。丝葵属的叶子被用于建造房屋，其纤维被用于制作凉鞋和篮子，果实也可食用。孤立的扇形棕榈绿洲被大家共用，覆盖在树干上的干枯树叶被当地人定期烧掉，以方便采集水果。今天，在加州容易着火的地区，丝葵种植面积很广，大多数丝葵的裙边会在种植过程中剪掉，以防范火灾。

19 世纪末，为了提供新的种植品种，园艺师将丝葵带到了欧洲，可能是从南加州种植的棕榈树上收集的种子。在那里，无论是在温室，还是在气候允许地方的露天生长，它们都被称为石棕属（*Brahea*）植物或丝金棕（*Pritchardia filifera*），作为奇珍异宝种植在植物园中。赫尔曼·文德兰是当时全世界最重要的棕榈树专家之一，正是他看到了这些植物，并意识到它们可能是新东西。文德兰曾在德国、奥地利和英国的植物园学习，对棕榈树产生了浓厚的兴趣。19 世纪 50 年代，他到中美洲去看它们的原生地，当他研究丝葵时，他已经是"当时最杰出的棕榈学家"。

在给这种新棕榈树命名时，文德兰没有意识到他正在使用一个以前有人使用过的名字，这并不奇怪，因为华盛顿是一位美国英雄。按照当时严格的命名规则，这个名字不能成立。但是，"Washingtonia"这个名字的其他使用都有问题：一个没有真正发表；另一个是别人建议，但立即被它自己的作者拒绝了。所以这两个"Washingtonia"都没有被真正使用（另见巨杉属"*Sequoiadendron*"）。不过，虽然与其他名字相冲突，为了安全起见，扇形棕榈树的名字"Washingtonia"仍然被保留下来。这意味着这个建议被采纳了，即不管其他更早使用的学名如何，这个名字应该继续被用于棕榈树。

Plants of California

Washington filifera Wendl.

Locally common trees to 50 ft. tall
in sun, open desert with Larrea etc.

Oasis at 29 Palms,

San Bernardino County

Date   Jan.17 1954.   Alt.   3000   Ft.
E. K. BALLS, Collector   P.A.Munz.   No.   9757.

丝葵的小黑果味道甜美，像枣一样。在欧洲殖民化之前，它们被大量种植，并受到加州当地人的高度重视。

乔治·华盛顿不是典型的白手起家的美国人。他出生在弗吉尼亚州的财富和特权阶层，是他父亲二婚的长子。他身材高大、强壮，喜欢户外活动。16 岁时，他就在当时荒芜的谢南多厄河谷的边界勘察土地。因父亲英年早逝，乔治·华盛顿不得不中断学业，协助严苛的母亲管理家族产业。他家经营着弗吉尼亚州的种植园，地大物博，缺少现金，因而他的一生都在与金钱作斗争。

在 18 世纪 50 年代早期，华盛顿参军，这与他母亲的愿望大相径庭。在边境地区的严酷战争中，他的勇气和领导力很快使他成为整个弗吉尼亚军团的指挥官。但是，北美殖民地的英军并不是真正意义上的任人唯贤，像华盛顿这样的殖民地军官的待遇低于直接来自英国的人，此外，他们还必须听从级别较低的英国军官的命令。华盛顿不断向他的上级呼吁改变这种状况，但无济于事。这些不公平现象，加上英国供应商对财政的扼制，都导致了他们对殖民地政府的不满。税收和供应商的垄断给当地的商业和经济带来负面影响。当 1765 年印花税法案实施时，弗吉尼亚人帕特里克·亨利大声疾呼："下定决心，由人民自己或由人民选出来的代表来征税是英国自由的象征。"当时殖民地人民仍然认为自己是英国人，但这种情况即将改变。在弗吉尼亚州费尔法克斯县的一次会议上，资产阶级一致同意，税收和代表权必须是不可分割的。华盛顿被任命为一个委员会的负责人，负责制定应对英国不断增长需求的措施。华盛顿沉稳、善于倾听、善

棕榈叶要么是羽状的，就像那些椰枣叶一样，所有的小叶都是在叶轴上排列；要么是掌状的，就像丝葵那些，小叶都来自一个点，看起来像一把扇子。

丝葵属（*Washingtonia*）　　209

于评价的特点，很快使他在由托马斯·杰斐逊等健谈的自大狂组成的第一届大陆会议中占据了领导地位。弗吉尼亚州位于南北交界，而华盛顿把握分寸、善于平衡的行为是两个非常不同的文化之间的桥梁。非同寻常的是，美国独立战争并不是一场大众反对富人的冲突，而是由富裕的资产阶级发起的。

到 1775 年，华盛顿作为团队中唯一有真正军事经验的人，成了军队的总司令。虽然他并未主动谋求这个位置，但在他的整个职业生涯中，乔治·华盛顿总是能让权力来找他。他不得不被说服担任领导职务，首先是军队，然后是总统职位。美国叛军都是志愿者，完全比不上英国人那种光鲜亮丽的战斗机器。英国人将他们随意地挑选出来，认为他们完全没有希望："他们的军队是有史以来最奇怪的：60 岁的老人，14 岁的男孩，以及各个年龄段的黑人，大部分都衣衫褴褛，这些人拼成了这支杂乱的队伍。"然而，华盛顿以鼓舞人心的领导力将他们凝聚在一起，在接受《独立宣言》后的战斗前，他预言了他们的历史地位："现在是决定美国人是成为自由人还是奴隶的时候了……在上帝面前，数百万人的命运将取决于这支军队的勇气……"

这场战争旷日持久，美国军队遭受了许多挫折，处境极为艰难。然而，最终他们取得了胜利，通过对英军的消耗，英军最终承认了失败。这场漫长的冲突的一个好处是，它给了当权者时间来真正思考他们将在新的共和国建立什么样的政府。现在已经成为美国政府一部分的很多事务都起源于华盛顿为军队筹集资金的经历，从各州筹集资金的困难，使他们相信需要有一个中央联邦政府。

战争结束后，华盛顿被所有阶层的公众所推崇，无论贫富。他回到他在波托马克河畔弗农山的庄园。在那里，他再次被说服，扮演他的下一个角色——美国第一任总统。他作为公众人物的才能，不仅体现在他作为美国英雄的地位，还体现在他能控制自己的情感和观点，善于观察并三思而行。

乔治·华盛顿真正关心公众舆论。在他的两届总统任期内，他努力不被似乎是他命中注定的个人崇拜主义所迷惑，也没有滥用他的总统权力。他的沉稳和强大的自控力使他显得冷漠和疏远，当然，他的朋友们否认这一点。

尽管他的第二任期间冲突不断，但确立了今天美国政府的模式，包括政党政治。华盛顿渴望的宁静的种植园主的生活从未实现过，他从总统职位上退休后回到了弗农山庄，又陷入了持续的财务困境。而那些贯穿他一生的冲突，关于奴隶制、关于他在公共生活中的角色，从来没有停止过。

在 1799 年底去世后，乔治·华盛顿经常被描绘成一个僵硬的、沉默的形象——典型的"国父"。事实上，他的伟大对手托马斯·杰斐逊对他做了最好的总结："……天性和命运从来没有结合得如此完美，使一个人变得这么伟大。"

乔治·华盛顿（1732—1799），在后来的许多肖像画中，他的一脸严肃可能与他没有牙齿有关，而不代表任何更深层次的性格特征写照。

小齿爵床属（*Wuacanthus*）

吴征镒（Wu Zheng Yi）

科： 爵床科
属下种数： 1
分布： 中国西南部

中国境内植物多样性异常丰富。维管植物（被子植物、裸子植物、蕨类植物和苔藓植物）有近 32 000 种，其中一半是中国特有种。中国也是世界北温带地区植物种类最丰富的国家。这部分是因为中国幅员辽阔，从蒙古边境的沙漠地带到青藏高原的高海拔干旱地区，再到越南附近的热带雨林，但这还不是全部。中国没有像欧洲或北美等其他北温带大陆那样被大量冰川覆盖，但冰川也留下了它的痕迹。横断山脉位于广阔的青藏高原东南缘，西南面是喜马拉雅山脉，横断山是全球指定的 35 个生物多样性热点地区之一。该地区包括四川南部、云南西北部和缅甸北部的一小部分。它由一系列南北走向的陡峭山脉组成，海拔多在 4 000～5 000 米，其中夹杂着又深又窄的峡谷。从地形图上可看到一幅惊人的画面，展示了塑造我们地球的地质作用的威力。从横断山脉向南流淌的河流形成了东南亚的大河，雅鲁藏布江、伊洛瓦底江、萨尔温江、湄公河和长江都发源于或流经横断山脉。这里还生活着很多当地特有的动物，如标志性的大熊猫和金丝猴。这些山脉的植物多样性也一样丰富。在大约 50 万平方千米的区域内，有记载这里生活着大约 12 000 种维管植物，这占全中国物种多样性总数的三分之一还多，与整个欧洲的植物多样性总数差不多。

这种多样性的起源是耐人寻味的：它是因为古老而没有灭绝吗？还是由于山脉隆起出现新的栖息地和机会而形成新的物种？或者是来自青藏

高原等其他地区物种的移居？将地球历史与植物多样性模式联系起来，可以解释涉及这种多样性积聚的主要因素。在中新世晚期（1 000～800 万年前），构成今天印度的冈瓦纳板块（Gondwana）和北半球的超级大陆的劳西亚板块（Laurasia）之间的碰撞几乎完成，造成地球表面褶皱形成了青藏高原。在当时，高原周围的山脉，如南部的喜马拉雅山，已经达到现在的海拔高度。相比之下，横断山脉的隆起较晚，发生在中新世晚期和上新世晚期之间（500～200 万年前）。对横断山脉多个植物单系的分析表明，在横断山脉的隆起过程中，物种分化率急剧上升，比喜马拉雅山脉或青藏高原的分化率高得多。多样化的生态机遇随着造山运动不断增加，致使该地区的物种大爆发，进而导致特有植物的多样性也大大增加。

横断山脉的南北走向也使来自南方的季风降雨能够深入山谷，在东西走向的喜马拉雅山脉中，存在着一个明显的雨影区。在更新世发生的更近的冰川作用和相关的气候变化在欧洲和北美造成大范围的物种灭绝，但在横断山脉，可能没有发生那样大的植物灭绝事件。与那些在喜马拉雅山脉的植物相比，山脉南北走向意味着种群可以向南迁移到更合适的无冰栖息地，而在喜马拉雅山脉，向南迁移会被巨大的山峰阻挡。在温暖的间冰期，转换可能会发生，植物会回到更高的海拔区域再次繁衍生长。当然，这种大量植物群的积聚是许多因素共同作用的结果，而且变化仍在进行中。对当前气候变化导致植物移动的可能性

吴征镒（1916—2013），游历广泛。2011 年，在爱丁堡庆祝英文版《中国植物志》项目时，他热情宣传中国的植物和植物学家们。

的研究表明：气候变化将导致植物从横断山脉向青藏高原转移，这也反映出了过去那些转移的存在。因此，我们有理由担心那些范围狭窄的特有种可能会受到更多的不利影响。关于横断山脉的植物群，我们要学的东西还很多。

我们对横断山脉的植物多样性有如此深入的了解，始于1973年至1982年间中国植物学家对整个地区进行的综合调查。中国和欧洲的植物采集者都去过该地区，但是由多学科专家组成的中国科学院科考队，才真正把新的采集、发现和早期探索的零碎数据系统地整合成文献资料。带领这些科考队前往该地区的正是吴征镒。位于四川和云南境内的横断山脉的特有属小齿爵床属（*Wuacanthus*）就是以他之名命名的。

吴征镒的一生经历了中国的社会变迁。1916年，他出生于中国东部长江江畔扬州市。他幼年接受私塾教育，并通过阅读中国古典文学作品，对植物产生了浓厚的兴趣。在清华大学读书时，他积极参与了1935年

玉龙雪山的山坡生长着形态多样、物种丰富的植物群落。杜鹃花特别多，横断山脉是两百多种杜鹃花的家园。

一二・九爱国学生运动，要求中国政府积极抵御日本的侵略。1937 年七七事变时，吴征镒正自费到内蒙古采集植物，不得不绕道返回家乡。抗日战争期间，他一直采集和研究植物。他和大学同伴一起，在大后方长途跋涉，一路向南，最后到达云南省昆明市。20 世纪 40 年代初，当他登上海拔 4 500 米的玉龙雪山时，第一次遇到了横断山脉的植物群。当他记录了他们在山上采集的 2 000 多种植物时，一股自豪感油然而生。

小齿爵床属最初是属于爵床属（*Justicia*）的一员，一些植物学家现在仍然认为它属于那里。名字只是一个假设，需要通过更多的数据来验证。

抗日战争结束后，吴征镒加入了由昆明学生领导的运动，要求中国各党派之间维持和平，主张民主。随后，他加入了中国共产党。他曾在中国多地担任过重要职务，无论他在哪里，都主张研究国家的植物多样性。20 世纪 50 年代，他带领中国和苏联的植物学家联合进行考察和采集工作。为确保中国政府重视和支持植物学研究，1956 年，他提出在植物资源丰富的云南建立 24 个自然保护区。该建议被中国政府采纳。在随后几年的动乱时期，这些保护区对中国生物多样性的保护起了巨大作用。

1966—1976 年，吴征镒的许多植物学研究被迫停止，书籍和论文也没有出版。正如吴老自己所说："科学研究被冻结，我们被送去接受批判和繁重的劳动。"在接受再教育和繁重的劳动中，他还是完成了四卷改编自中国古籍的植物名录和其他几部植物学著作。摆脱那段混乱的岁月之后，他恢复了名誉，并再次启动中国的植物学研究工作。他集中精力，立即启动对中国西南地区丰富的植物资源进行研究。

这种小齿爵床属是乔治·福里斯特在他专为痴迷中国南方新植物的园艺爱好者收集种子的趣味旅途中收集的。

20 世纪 70 年代末，中美关系开始解冻，吴老是第一个访问美国的中国植物学家代表团的副团长。他走访了许多植物学机构，并开展了长久合作，在了解中国植物区系的多样性方面取得了巨大的成就。他被政府和植物学界所重视，多次被选为人大代表，并领导了中文版《中国植物志》的编纂工作。

20 世纪 80 年代末，中外植物学家合作进行野外考察、研究和再论证，联合修订英文版《中国植物志》的建议开始实施时，吴老当仁不让成为中方领导人！2014 年，英文版《中国植物志》完成，为我们留下了强大的科学合作遗产，一直延续至今。这种国际合作的努力反映了这位学者的核心价值，他是中国培养的第一代植物学家。他的同事彼得·雷文（Peter

Raven）说得好：

> "在他的一生中，他理解、应对并适应了中国发生的变化，始终是一个好公民，同时也是一个杰出的科学家。……他总是愿意鼓励别人，促进了中国植物学的发展，并为快速发展的今天留下了旷日持久的遗产。"

在一本反映吴老生活和贡献的出版物中，就以他的名字命名了小齿爵床属。该属只有一个种，发现于横断山脉地区干燥深谷中低海拔灌丛中。它是一种不起眼的植物，像其科内的许多其他成员一样，小而杂乱，比不上该地区那些比较耀眼的特有植物之一——杜鹃花。根据英国植物学家乔治·福雷斯特（George Forrest）的早期收集，它最初被定为爵床属（*Justicia*）的成员。该植物鲜为人知，最近一次采集是在 20 世纪 80 年代。一个中国团队重新发现它后，利用形态学和 DNA 测序分析对其进行了仔细的研究。根据他们的证据，他们认为它与该科的其他植物差异明显，足以证明它成为一个新属。

而有些人不同意这个观点。他们认为在分析中应该包括更多其他属的植物，特别是那些使用 DNA 测序分析过的植物。他们认为小齿爵床属不是一个"真正的"属。这是个问题吗？当然不是。我们对生命中所有类别的分类，都是基于科学家现有证据的假设。一个新种是一个假设，一个新属也是一个假设，像所有的假说一样，他们都可以用新的或更多的证据来验证。这就是分类学成为一门科学的原因，而不仅仅是许多人所描述的"集邮"。我们对地球上的生命的了解还只是九牛一毛，在采集和记录新物种的过程中会发现新的证据，而新的技术也在不断被用于解决各种问题。当我开始我的职业生涯时，使用 DNA 测序技术来研究分析进化关系才刚起步，但现在它已经成为一种标准和常态。事物一直在变化，这正是科学令人激动和有价值的地方啊！

吴老会介意人们对以他的名字命名的属有不同的意见吗？当然不会！

他对推翻假设并不陌生。他重新核查了横断山脉高海拔草甸特有的小型草本植物芒苞草属（*Acanthochlamys*）的证据，刚开始他认为它应该独立成科，这和大多数中国植物学家所持的观点一致。他说：

> "我有机会同时重新核查现有的材料，因此我对它做出了新的、更合理的形态学解释，将此属转入翡若翠科（Velloziaceae）[参照克龙奎斯特（Cronquist）1981年和达尔格伦（Dahlgren）等人1985年采用的科概念]。"

也就是说，他看了证据后做出了新的判断。决定植物属是否独特，是我们根据所掌握的证据对其进化的真实途径的最佳判断。它们在那里接受新一代植物学家们的检验、质疑和重新核查。当事情发生改变时，这表示我们又学到了新知识。

译后记

机缘巧合，让我有机会翻译此书。虽然翻译过程中非常烧脑，非常疲累，经常加班到深夜，但是，我是越翻越有劲，越翻越开心。因为这本书真的很有阅读价值和意义！能与本书结缘，为那些非凡的植物以及大自然代言，用我们的母语来介绍那些远在天边、近在眼前的植物与人的故事，倍感荣耀！

我能深切地感受到本书作者桑德拉·纳普有着渊博的知识。就像本书中很多故事的主人翁一样，她对植物的热爱程度也非同一般。她用她那娓娓道来又不失风趣的语言，为我们讲述了一个个意味深长的故事。故事里有人，有植物，有欢乐，亦有悲伤。那些故事里的人虽然大部分都与世长辞了，但他们带给我们的这一切，让我们铭记在心。那些植物就像是一座座生物纪念碑，它们走到哪里，就把故事带到哪里，在爱好植物的人之间传诵。那是我们对他们最大的敬意，致敬他们在那个年代，为了植物，为了自然，为了他们的国家，为了整个世界，所付出的一切！

除了让你了解植物与人那些鲜为人知的故事之外，这本书还让我们拥有了保护大自然的拳拳之心。没有植物，我们也不会生存在这个五彩缤纷的世界。我们人类的生产和生活，改变了它们赖以生存的环境，进而加速了很多物种的灭绝。如果我们不做出任何改变，终有一天我们的后代只有通过照片、书籍、标本馆，才能一睹那些曾经存在的动植物的芳容，然后一脸疑惑地问他们的父母："那些可爱的动植物到底去哪里了？"

感谢那些在翻译此书时帮助过我的家人和朋友们！我和我的爱人是本书的共同译者，她除了和我共同翻译此书之外，还包揽了所有家务和教育孩子的工作，让我能够更专心地解决难题。另外，感谢上海辰山植物园的刘夙研究员及他的多识团队制作的多识植物百科平台，该平台让我受益匪浅。此外，刘老师的专业和敬业精神也值得我学习，他在本书植物的疑难拉丁学名的翻译过程中给予我巨大的帮助。同时，我也特别感谢中科院植物研究所的张宪春研究员和华中农业大学的孙苗教授，没有他们的帮助，我也很难完成此书的翻译工作。最后，还需要感谢一个人——我的大儿子曹思勤，他是这篇译作的第一位读者，从一名初中生的角度，给我们提出了独特的见解。由于译者学识浅薄，也许存在翻译不当或误解，敬请广大读者朋友提出宝贵意见！

所有的所有汇成一句话，那就是习近平主席提出的"绿水青山就是金山银山"。让我们共同保护大自然，共同维护我们的绿水青山！

曹志勇

北　京

2023 年 4 月

作者介绍

桑德拉·纳普 (Sandra Knapp)，著名植物学家，英国自然历史博物馆高级植物研究员，英国皇家学会资深会员。曾担任国际植物命名法规委员会主席。1956 年出生，1986 年获得康奈尔大学植物学博士学位。

纳普博士是茄科植物专家，主要研究茄科植物的分类和基因组分析等。她在中美洲和南美洲为密苏里植物园和康奈尔大学等机构采集了大量植物标本。1992 年起，她参与了英国自然历史博物馆的茄属植物全球分布图调查与绘制过程。她还研究了烟草的基因组进化过程。她参与编写了《中美洲植物志》，著有《盆栽的历史》《非凡的兰花》等书。

纳普博士长期致力于倡导公众保护和欣赏植物，为公众理解植物进化和热带生物多样性做出了重大贡献。她于 2016 年获得伦敦林奈学会颁发的林奈奖章。

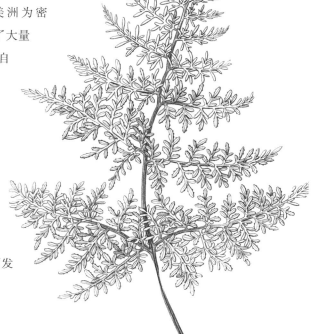

内容简介

本书中植物学家桑德拉·克纳普向我们介绍了许多热衷于植物的探险家、收藏家、博物学家和他们生活与奋斗的经历，讲述了他们以及以他们命名的植物背后的故事。喜欢植物的读者一定觉得意义非凡，趣味横生。如书中提到的，查尔斯·达尔文的祖父伊拉斯谟（长柱蜡花属），美国开国元勋乔治·华盛顿（丝葵属）和本杰明·富兰克林（洋木荷属），他们和这些植物密不可分。这些博物大家中，很多都是对植物学领域做出了巨大贡献的人。例如探险爱丽丝·伊斯特伍德，在 1906 年，她从旧金山地震中拯救了加州科学院的无价的植物标本；还有皮埃尔·马格诺，这位传奇的法国植物学家是第一个提出植物"科"概念的人。

有意思的是，书中还提到了一些当代人物，比如流行歌星和女演员雷迪嘎嘎（Lady Gaga），她绿色心形的格莱美颁奖服看起来像蕨类植物配子体，她的作品成就了蕨类植物廊盖蕨属（*Gaga*）；还有大卫·爱登堡爵士，他应该是地球上最伟大的倡导者，作为一种荣誉，他得到了非常巧妙的茄花木属（*Sirdavidia*）之名。

本书中的图片均来自英国自然历史博物馆，这些植物和人物的精美图片让人赏心悦目，值得珍藏。

2. 1. 3. 4.